U0219276

国家出版基金项目
NATIONAL PUBLICATION FOUNDATION

现代农业高新技术成果丛书

高产高效养分管理技术

Nutrient Management Technology for High-yield and High-efficiency Crop Production

张福锁　　崔振岭　　陈新平　等编著

中国农业大学出版社
·北京·

内 容 简 介

本书以作物高产高效养分管理技术为核心,全面阐述了我国高产高效现代化农业道路以及高产高效养分管理的主要技术内容。这些高产高效养分管理技术不仅包括田块尺度的土壤养分及其养分管理技术、化肥养分及其管理技术、环境养分及其管理技术、有机肥养分及其管理技术以及植物营养生物学调控技术,也包括区域尺度上的养分管理技术和食物链养分管理技术。本书还介绍了高产高效养分管理技术的试验示范与大面积推广效果。

本书可供土壤肥料和作物生产领域的科技人员使用,也可供各级农业技术推广人员和肥料企业农化服务人员参考。

图书在版编目(CIP)数据

高产高效养分管理技术/张福锁,崔振岭,陈新平等编著.—北京:中国农业大学出版社,2012.11

ISBN 978-7-5655-0577-5

Ⅰ.①高… Ⅱ.①张…②崔…③陈… Ⅲ.①土壤有效养分‐综合管理 Ⅳ.①S158.3

中国版本图书馆 CIP 数据核字(2012)第 166905 号

书　　名	高产高效养分管理技术
作　　者	张福锁　崔振岭　陈新平　等编著

策划编辑	孙　勇	责任编辑	冯雪梅
封面设计	郑　川	责任校对	陈　莹　王晓凤
出版发行	中国农业大学出版社		
社　　址	北京市海淀区圆明园西路2号	邮政编码	100193
电　　话	发行部 010-62818525,8625	读者服务部 010-62732336	
	编辑部 010-62732617,2618	出　版　部 010-62733440	
网　　址	http://www.cau.edu.cn/caup	**e-mail** cbsszs @ cau.edu.cn	
经　　销	新华书店		
印　　刷	涿州市星河印刷有限公司		
版　　次	2012年11月第1版　2012年11月第1次印刷		
规　　格	787×1092　16开本　11.75印张　290千字		
定　　价	60.00元		

图书如有质量问题本社发行部负责调换

撰稿人 （以姓氏笔画为序）

中国农业大学资源与环境学院

马　林　尹　蛟　申建波　冯　固　刘全清

刘学军　刘　倩　米国华　江荣风　李宝深

李彦明　李晓林　李　隆　吴良泉　汪菁梦

宋　玲　张卫峰　张宏彦　张福锁　陈范骏

陈　清　陈新平　苗宇新　岳善超　金可默

荆晶莹　柏兆海　袁力行　贾　伟　黄高强

崔振岭

河北农业大学资源与环境学院

马文奇　侯　勇

出版说明

瞄准世界农业科技前沿，围绕我国农业发展需求，努力突破关键核心技术，提升我国农业科研实力，加快现代农业发展，是胡锦涛总书记在 2009 年五四青年节视察中国农业大学时向广大农业科技工作者提出的要求。党和国家一贯高度重视农业领域科技创新和基础理论研究，特别是 863 计划和 973 计划实施以来，农业科技投入大幅增长。国家科技支撑计划、863 计划和 973 计划等主体科技计划向农业领域倾斜，极大地促进了农业科技创新发展和现代农业科技进步。

中国农业大学出版社以 973 计划、863 计划和科技支撑计划中农业领域重大研究项目成果为主体，以服务我国农业产业提升的重大需求为目标，在"国家重大出版工程"项目基础上，筛选确定了农业生物技术、良种培育、丰产栽培、疫病防治、防灾减灾、农业资源利用和农业信息化等领域 50 个重大科技创新成果，作为"现代农业高新技术成果丛书"项目申报了 2009 年度国家出版基金项目，经国家出版基金管理委员会审批立项。

国家出版基金是我国继自然科学基金、哲学社会科学基金之后设立的第三大基金项目。国家出版基金由国家设立、国家主导，资助体现国家意志、传承中华文明、促进文化繁荣、提高文化软实力的国家级重大项目；受助项目应能够发挥示范引导作用，为国家、为当代、为子孙后代创造先进文化；受助项目应能够成为站在时代前沿、弘扬民族文化、体现国家水准、传之久远的国家级精品力作。

为确保"现代农业高新技术成果丛书"编写出版质量，在教育部、农业部和中国农业大学的指导和支持下，成立了以石元春院士为主任的编审指导委员会；出版社成立了以社长为组长的项目协调组并专门设立了项目运行管理办公室。

"现代农业高新技术成果丛书"始于"十一五"，跨入"十二五"，是中国农业大学出版社"十二五"开局的献礼之作，她的立项和出版标志着我社学术出版进入了一个新的高度，各项工作迈上了新的台阶。出版社将以此为新的起点，为我国现代农业的发展，为出版文化事业的繁荣作出新的更大贡献。

中国农业大学出版社

2010 年 12 月

前　　言

　　保障国家粮食安全始终是我国农业生产的重中之重，长期以来我国粮食增产过多依赖于水肥资源的大量投入，这不仅使我国粮食生产成本剧增，而且对生态环境造成了日趋严重的威胁。因此，探索作物高产与资源高效利用相协调的可持续发展道路，是保障国家粮食安全和资源环境安全的迫切需求。

　　同时实现作物高产与资源高效的目标需要农业技术的综合与集成创新。2010 年，我们参照国际养分管理经验及技术模式，组织编写了《最佳养分管理技术列单》一书，出版后受到了广大读者的欢迎。

　　自 20 世纪 90 年代开始，我们在国家重大项目、国际合作项目的支持下，针对我国的农业生产特点，探索具有中国特色、完全适合中国国情的高产高效养分管理技术。2005 年开始，在"948"项目（2006-G60）、公益性行业科研专项（201103003）和"973"项目（2009CB118600）等的支持下，我们组织全国 30 多个科研单位建立了高产高效养分管理协作网，以共同性的综合试验为纽带，以交叉开放的学术研讨为手段，逐步实现了多学科的实质性合作和综合创新，共同开展了全国主要作物高产高效技术的研究工作。同时，我们与各级农业技术推广部门紧密合作，依托国家测土配方施肥和作物高产创建等大型推广项目，开展了主要作物高产高效技术的大面积示范推广应用，取得了理论与技术的突破以及显著的农学、经济、环境和社会效益。

　　为此，我们在 2010 年版本的基础上，组织编写了这本《高产高效养分管理技术》，增加了最新的研究进展，希望以此方式进一步促进全国范围内的多学科的合作研究，推动我国农业生产中综合技术的集成创新与应用，实现作物高产与资源高效同步的宏伟目标。

编者

2012 年 6 月

目　　录

第1章

高产高效现代农业道路探索——
意义与现状、理论与实践

1.1 高产高效现代农业的重要意义

1.1.1 持续提高作物产量是保障国家粮食安全的长期需求

我国是一个拥有 13 亿人口的农业大国和发展中国家,确保国家粮食安全始终是经济发展、社会稳定和国家富强的基础,是直接关系到国计民生的大事。新中国成立以来,我国粮食生产取得了巨大成就,1996 年粮食总产达到 5 亿 t,实现了粮食供求总体平衡、丰年有余的历史性转变。但是,自 2000 年以来,我国粮食生产出现较大滑坡,到 2003 年全国粮食总产跌至 20 世纪 90 年代以来的最低点,仅有 4.3 亿 t,粮食安全形势极为严峻。对此,国家采取紧急措施,加大了对粮食生产的投入和政策扶持,2004—2007 年粮食生产基本实现了恢复性增长。尽管如此,我国的粮食安全紧张局势依然没有根本扭转,粮食缺口呈逐步扩大趋势。另一方面,由于化石能源涨价和美国等国家发展生物质能源的影响,国际粮食市场紧张,价格攀升。2007 年以来,国内农产品价格大幅度上涨,给国民经济健康发展和社会和谐稳定带来了沉重的压力。

随着人口增长和经济发展,我国的粮食需求仍将呈现持续刚性增长。要实现 2030 年中国粮食安全,总产必须在现有基础上提高 40％以上,单产增加 45％以上,即年均增长率要达到 2.0％(王宏广等,2005),提高粮食生产能力的任务十分艰巨。特别是在耕地面积持续减少和粮食种植面积扩大潜力非常有限的形势下,大面积持续提高作物单产已经成为保障我国粮食安全的唯一选择。因此,实现粮食持续稳定增产、保障国家粮食安全是我国农业当前及今后相当长时期的重大任务。

1.1.2 提高资源利用效率,保护生态环境,是我国农业可持续发展的必然选择

我国是世界人均占有资源贫乏的国家之一,人均耕地不到世界平均水平的 1/2,人均水资源仅为世界平均水平的 1/4。不仅如此,水分生产效率低,平均不到 1.0 kg/m³;在过去 10 年中平均每年农业灌溉缺水 300 亿 m²,年受旱面积达 3 亿~4 亿亩(1 亩＝666.67 m²),即便是在高产区每年也有近 1 亿亩耕地因得不到有效灌溉而减产 250 亿 kg。我国化肥年消费量已达 5 000 万 t(纯养分),而氮肥利用率不到 30%,每年仅氮肥损失就在 500 亿元以上。资源利用效率低下不仅导致农业生产成本增加,影响农民增收,而且造成环境污染,成为制约我国农业可持续发展的重要因素。因此,提高资源利用效率,保护生态环境,是我国农业可持续发展亟须解决的重大问题。

1.1.3 探索作物高产与资源高效的协同理论和技术途径是转变农业发展方式,走出一条资源节约型和环境友好型的现代农业之路

进入 21 世纪以来,虽然我国农业生产的物质投入不断增加,但主要作物单产未见大幅度提高,资源利用效率持续下降,优良品种的高产潜力未能得到充分发挥。对比我国品种区域试验产量和大田作物平均产量发现,近 10 年来,新品种在区域试验中可实现的产量明显提高,而大田的平均产量增长缓慢。为了解决这一问题,"十五"以来,我国加强了作物高产、超高产的栽培技术研究,取得了显著进展,三大作物的高产纪录不断刷新,存在的主要问题:一是小面积上获得的高产纪录难以重演,更难在生产中大面积实现;二是水肥投入普遍过大,资源利用效率不高。"十五"期间,国家自然科学基金重大项目"主要农田生态系统氮素行为与氮肥高效利用的基础研究"和农业部"948"项目"养分资源综合管理技术的引进和建立"在农田养分管理的理论与实践方面取得了可喜的进展,提出了总量控制与分期调控相结合的管理策略,在集约化生产中可显著减少化肥投入,提高养分利用效率,不足之处是增产幅度不大,迫切需要加强与高产栽培的结合。

综上所述,我国作物高产栽培与资源高效利用的研究相互脱节,高产高效相协调的理论与技术研究相对薄弱。因此,迫切需要建立作物栽培、植物营养、土壤等多学科紧密结合的研究平台,破解作物产量与资源效率协同提高的科学难题。

1.2 高产高效现代农业的科学价值

1.2.1 作物高产与资源高效能否协同,是农学和资源环境等学科亟待回答的重大理论问题

持续提高作物产量是否必须依赖于水肥资源的大量投入?作物高产与资源高效能否协同?这一直是国内外关注的热点,也是学术界仍在争论的重大科学命题。发达国家在这个

问题上往往采用环境优先的原则,而我国人多地少、资源紧缺,持续提高作物单产,同时高效利用有限的资源,是农业可持续发展的必由之路。因此,通过对作物高产群体结构与物质生产分配规律、水肥高效利用的根-土互作机制、高产高效的土壤条件及其定向调控等理论与方法的突破,实现作物高产与资源高效利用的协调,不仅是农业科学研究领域的理论前沿,也是当代资源环境领域亟待解决的重大基础科学问题。

1.2.2 阐明作物高产与资源高效协同的制约因素及技术原理,为制定主要粮食作物大面积产量持续增长和资源利用效率提高的集成措施提供科学依据

针对我国粮食作物现有品种的高产潜力没有得到充分发挥、小面积的作物高产典型难以在区域上再现、水肥资源利用效率不高等问题,加强对我国三大粮食作物主产区作物产量提高的制约因素以及相关资源利用现状和问题的研究,探明作物产量与资源利用效率协同提高的技术原理,为建立主要粮食作物大面积持续增产与资源高效利用的集成技术和措施提供科学依据,具有重要的科学意义和应用价值。

1.3 高产高效农业的国际最新研究进展和发展趋势

1.3.1 能否协调作物高产与资源高效是当前国际农业可持续发展的研究热点

20世纪60年代掀起的第一次绿色革命,大幅度提高了主要粮食作物的单产水平,为全球粮食安全做出了巨大贡献。1960—1990年,世界谷物产量从8.47亿t增加到17.80亿t,年均增长3%,人均粮食增长了27%。

然而,20世纪90年代以来,全球粮食生产出现了新的问题,粮食安全面临重大挑战:

(1)粮食产量增长趋缓,并出现徘徊局面,2002年世界粮食产量与1997年相比下降了14%。

(2)粮食需求压力日益增大。为了养活日益增长的人口,2050年世界粮食产量需在现在基础上增加1倍(Tilman et al.,2002)。当前,由于油价上涨,生物质能源对粮食的需求增加,世界谷物库存已降至50年来最低点,危机凸显。

(3)资源耗竭和环境恶化。粮食生产的发展越来越受到资源和环境的制约,第一次绿色革命走的是"高投入、高产出和高资源环境代价"的道路,农田养分流失造成的面源污染、生物多样性下降、温室气体排放增加等生态环境问题对集约化农业提出了新的挑战(Matson et al.,1997),特别是水资源日趋短缺,已经成为限制粮食产量进一步提高的关键因素。

国际学术界一直关注上述热点问题。Matson等(1997)在"Science"上撰文提出"集约化可持续农业"概念;Tilman(1999)指出必须更有效地利用农田养分以降低农业对环境的负效应;Swaminathan(2000)提出了"Evergreen Revolution",主张适度增加外部投入,改善农田生产效率,同时增强农业可持续性、降低环境成本;Cassman则提出了农业的"生态集约化",

主张通过土壤质量的改善、水肥资源调控以及综合管理途径来挖掘作物的产量潜力,同时达到保护生态环境的目标(Cassman,1999;Cassman 等,2003)。然而,如何在大面积实现增产的同时大幅度提高资源效率目前仍然还没有很好的模式。因此,同时实现作物产量持续提高与资源高效利用是当前国际上农业可持续发展的研究热点,是人类面临的最大的科学挑战之一(Tilman et al.,2002)。

1.3.2 通过挖掘作物生物学潜力和增进土壤生产力提高作物产量和资源利用效率,减少对水肥等外部资源投入的依赖是国际上的研究前沿

1.3.2.1 优化群体结构、增加花后物质生产、提高分配效率,挖掘作物产量潜力

第一次绿色革命通过品种矮化、提高稻麦等作物的收获指数来大幅度提高作物产量潜力。不少研究表明,未来作物产量的提高应在保持或增加收获指数的基础上,重点依靠增加作物生物产量。Peng 和 Khush(2003)分析了国际水稻研究所 1968—1998 年水稻品种的演进规律,发现 30 年来水稻品种生产力的提高主要是通过增加生物产量获得的,而收获指数并没有明显变化。提高作物的生物产量,必须尽可能地增加作物全生育期的光合物质生产。美国在 20 世纪后期一直把"持续提高作物生产力的途径"作为国家级重点研究领域,通过提高密度、综合调控资源投入,在挖掘作物的产量潜力方面取得了重大突破,创造出单季玉米产量高达 27.8 t/hm^2 的世界纪录。

提高农田单位面积生物产量,关键在于建立合理的群体结构,协调个体与群体以及源与库之间的矛盾,使个体和群体共同发挥最大效能。Shearman 等(2005)对英国小麦高产新品种的研究表明,开花前生长速率的提高有利于增加单位面积的粒数,同时扩大了灌浆物质的供应。大量研究表明,高产粮食作物籽粒灌浆物质的 80%~90%来自抽穗后的光合生产,经济产量与抽穗后的干物质生产呈极显著的线性相关,因此延长绿叶面积持续时间以增加结实期的光合生产是提高作物生物产量和经济产量的关键途径。作物冠层结构是作物个体、群体数量与质量的综合体现。作物理想冠层的本质特征是群体总库容量(群体总粒数)大、花后物质积累量高,这就要求在前、中期保持适宜叶面积系数,提高成穗率和结实率,后期延长绿色叶面积持续期、提高光合速率和物质运转与分配效率。国际水稻研究所(IRRI)在 1990—2000 年的研究战略中提出了突破产量限制的新思路和超高产的作物理想构型,对进一步提高作物产量具有指导意义。

1.3.2.2 深入揭示根系与根层水分养分互作过程,提高水分养分利用效率

在提高作物生产力的同时,如何实现资源高效利用?这不仅是关系到作物生物学潜力能否充分发挥的重大问题,而且也是农业生产能否持续的关键。集约化农业通过大量化肥、灌溉水投入和高强度耕作等农业措施克服土壤对作物生长发育的限制,但往往以牺牲环境、降低效益和耗竭资源为代价。在持续提高作物产量同时又要使环境负效应降到最低的情况下,养分的优化管理更加困难,必须加强对养分高效利用的科学机制的认识(Cassman et al.,2002)。近年来,国际上一些学者主张以充分发挥作物高效利用养分资源的生物学潜力

为核心的综合调控途径来提高作物产量,减少对不可再生资源的依赖(Drinkwater and Snapp,2007)。

作物对水分、养分资源的吸收利用不仅取决于这些资源的数量和有效性,而且还极大地依赖于根系对水分、养分的吸收能力及其对多变土壤环境的适应能力。以往的研究只重视通过大量施肥提高土壤养分浓度,忽视了利用作物根系对土壤养分的活化作用以及根系与水分、养分的协调机制,难以做到作物生产力与水分、养分资源利用效率协同提高。研究表明,作物根系不仅可以主动适应并显著改变根际土壤环境,而且能对水肥调控做出积极响应(Jackson et al.,1990;Zhang and Forde,1998)。根系还可通过分泌有机酸等根分泌物来改变根际的土壤化学和生物学过程,显著提高根系主动活化和摄取土壤养分的能力,根系之间的相互作用也受到根层土壤养分的影响(Kroon,2007)。显然,作物根系的水分、养分利用能力和根-土互作关系,不仅仅是一个重要的科学前沿问题(Gruntman and Novoplansky,2004),更是一个关系到作物群体质量控制和水分、养分高效利用效率的技术突破口。

1.3.2.3　改善土壤质量,稳定实现作物高产与资源高效利用

土壤是作物生产的基础,作物产量潜力和水肥调控作用的持续稳定发挥依赖于良好的土壤条件。未来全球主要禾谷类作物实现增产潜力的主要途径之一是提高土壤质量(Cassman,1999;Tilman et al.,2002;Richter et al.,2007)。Drinkwater和Snapp(2007)指出,在全球范围内,作物系统对N和P利用效率不高的原因之一在于土壤C与N、P的循环过程没有有效耦合。同时,以土壤碳管理为核心的土壤资源高效利用机制研究引起了广泛关注(Tiessen et al.,1994;Cater,2002;Lal,2004;Lal,2007;Lehmann,2007)。

充分利用高产农作系统提高土壤资源的利用效率,从而降低外部投入和成本也是近年来国际学术界研究的热点问题,水肥投入与高产群体结构的协调不仅是高产高效的核心环节,也是提高土壤生产力的关键(Swift et al.,2004;Giller et al.,2005)。在集约种植条件下,秸秆还田、有机无机配合、轮作、保护性耕作和增加生物多样性等措施已被证明是实现作物持续高产、增强农田生态系统稳定性的有效技术(Rasmussen et al.,1998;Brady and Weil,2002)。当前,生物质能源发展中对秸秆的大量利用引起了人们对土壤质量的忧虑,对此展开了一系列的实证和模拟研究,强调秸秆还田对稳定和提高土壤有机质的重要性(Saffih-Hdadi and Mary,2008)。

总之,国际上在提高作物产量和资源高效利用两个研究方面已取得了不少进展,但在协同提高作物产量与资源利用效率研究方面尚未取得重大理论进展与技术突破。

1.4　高产高效农业的国内研究现状和水平

新中国成立以来,我国的粮食生产取得了以9%的耕地养活了世界21%人口的巨大成就,却走过了一条以大量水肥资源投入为特征的集约化发展道路。20世纪90年代末以来,我国粮食生产增长缓慢,农业面源污染日益突出,为此,国家逐步加强了作物高产栽培和水肥高效利用等领域的研究工作,取得了一系列进展。

1.4.1 "十五"以来我国粮食作物超高产攻关进展显著,高产纪录不断刷新, 但高产纪录重演性差、水肥资源利用效率不高、难以在大面积上实现, 是当前高产栽培面临的难题

针对我国人多地少、区域差异大、灾害频繁、作物和种植制度多样化、小农户耕作等特点,我国在作物高产栽培技术与理论研究方面进行了长期探索,形成了以作物高产为主线,作物—环境—措施三位一体的作物栽培研究方法;提出了以作物器官建成和产量形成规律为理论基础的高产群体各生育期的形态生理特征和指标;阐明了作物与环境因素、群体与个体、不同器官之间的关系,建立了相应的综合诊断方法和多途径高产技术,如水稻"旱育稀植"、"小群体、壮个体、高积累"技术,杂交稻配套高产技术,小麦精播高产栽培技术,玉米紧凑型杂交种密植高产技术,周年多熟一体化栽培的"吨粮田"技术等,有力地推动了我国粮食生产的发展(于振文,2003;余松烈,2006)。近年来,在"国家粮食丰产科技工程"项目资助下,在粮食主产区开展了作物高产、超高产的研究与示范,水稻、小麦和玉米单产分别出现了12、11 和 16 t/hm^2 以上的高产典型,显示了品种和栽培技术巨大的增产潜力。然而,这些高产典型大多以高额的肥、水和人工等投入为代价,资源效率不高,重演性差,难以在大面积上推广应用。

1.4.2 以协调根层水肥供应与作物需求为核心的水肥高效利用研究取得新进展,但需要进一步与高产栽培技术相结合

近年来,国家加大对提高水肥资源利用效率研究的支持力度。不少国家基金、支撑计划等项目围绕在不降低产量的同时提高资源利用效率开展工作,在国家自然科学基金重大项目中,建立了区域肥料总量控制与作物生育期分期调控相结合的氮素管理技术,显著地降低了施氮量,提高了氮肥利用率。在农业部"十五"重大引进项目支持下,建立了小麦、玉米、水稻等 12 种主要作物的养分资源综合管理技术体系(张福锁等,2006)。"十一五"以来,针对当前我国集约化作物生产中肥料施用不合理的现状,国家还启动了"测土配方施肥项目",旨在推广应用现有施肥技术,节本增效,提高肥料利用率。2007 年启动的国家重点基础研究项目"肥料减施增效与农田可持续利用基础"旨在创建农田高效施肥的理论、方法和技术体系,为集约化栽培区减施化肥 20%～30%提供理论依据和技术途径。在旱地作物的水分调控方面,从过去主要通过水平梯田建设和减少坡地径流的工程措施节水,发展到集雨灌溉与发挥作物生物学潜力节水并重,抗旱节水与作物栽培技术有机结合。

然而,这些工作大都集中在保持目前产量水平的前提下提高肥料利用率。从我国作物产量持续提高与资源高效利用的需求来看,任何水分养分管理措施只有被栽培技术所采用才有可能在生产中发挥作用。因此,养分水分等管理迫切需要与高产栽培技术紧密衔接起来,服从于当前和长远的高产栽培要求,不断深化对高产条件下水肥高效利用的科学机制与调控原理的认识。

1.4.3 在土壤质量、农田物质循环和土壤污染修复等方面取得不少进展,迫切需要加强高产高效的土壤条件与定向调控途径研究

针对粮食主产区面临的土壤耕层变浅、水肥保持和供应能力不能满足作物生长需要以及土壤污染加重等问题,近年来开展了一系列土壤质量、农田物质循环、土壤污染与修复研究工作。国家重点基础研究项目"土壤质量演变规律及土壤资源可持续利用"通过对土壤质量演变规律的研究,初步建立了土壤质量综合评价指标和模型,开展了土壤质量预测和预警的探索工作。近来启动的重点基础研究项目"我国农田生态系统重要过程与调控对策研究"旨在通过对我国主要农田生态系统的重要过程进行定点长时间序列和联网研究,阐明农田生态系统物质循环规律,揭示系统稳定性的关键生态过程及相互作用机制,发展多目标协调的农田生态系统调控理论。

这些研究对作物高产和资源高效利用的理论和技术研究有重要的参考价值,但却不是围绕挖掘作物高产潜力、结合高产栽培理论与实践开展的工作,急需对高产高效农田土壤条件、水肥过程和抗逆机制等进行深入研究。

总之,我国科学家在作物的高产栽培和土壤水肥管理研究领域取得了不少的进展,为国家粮食生产的发展做出了重要的贡献。目前面临的关键问题是,高产栽培与水肥资源高效利用的研究互相脱节;在高产的同时实现资源高效利用的理论和技术途径研究还很薄弱。迫切需要建立以高产栽培为核心,栽培、土壤、植物营养等多学科密切合作的研究平台,共同探讨在作物产量持续提高的同时实现资源高效利用的机制,探讨作物高产和资源高效利用的作物群体、土壤以及养分、水分定量调控的技术途径。

1.5 高产高效农业在相关研究领域取得突破的可能性

针对目前我国农业生产难以大面积实现高产高效的难题,项目将重点研究主要粮食作物大面积持续高产和资源高效利用的科学机制与调控途径。

取得突破的可能性表现在以下几个方面:

(1)我国主要粮食作物品种的高产潜力尚未充分发挥。主要粮食作物当前的平均产量与品种的区试产量以及光、温产量潜力之间存在着较大差异。以玉米为例,目前东北春玉米、黄淮海夏玉米、南方山地玉米的平均产量分别为:5 295、5 055 和 3 990 kg/hm²,而这些地区品种区试的产量分别为 8 460、7 305 和 6 690 kg/hm²,光、温产量潜力则在 19 500～33 000 kg/hm²。因此,通过栽培、施肥和土壤管理措施的改进,大面积实现产量的持续增长是完全可能的。

(2)我国主要粮食作物生产的资源效率还有很大潜力可挖。与一些发达国家的作物生产体系相比,我国的水、肥等资源投入量高,但作物的产量水平较低。例如,尽管我国玉米生产的氮肥平均用量达到 209 kg/hm²,高于美国 150 kg/hm² 的用量,但玉米的单产仅为 5 734 kg/hm²,显著低于美国的 8 398 kg/hm²;在水稻生产中,我国用了 3 倍于日本的施氮

量却只得到了类似的平均产量。显然,在大面积持续提高产量的同时,完全有可能实现资源的高效利用。

(3)同时实现高产高效在科学上是可能的。一方面,高产农作系统具有提高土壤资源利用效率的作用,从而降低外部的投入和成本(Swift et al.,2004;Giller et al.,2005);另一方面,适度的资源(养分和水分)投入,更能发挥作物高效吸收利用养分、水分的功能,有利于调控作物的生长发育和获得高产。因此,同时提高作物产量和资源利用效率在科学上是可能的。

(4)本项目申请单位近年来围绕高产与资源高效的结合已开展了前期的探索,有良好的积累和丰富的经验。项目组在高产、超高产源库协调理论、周年资源高效配置与集约高产栽培、节水高产理论与技术、养分资源综合管理等方面取得了显著进展,对进一步突破作物高产与资源高效相协调的重大科学难题打下了扎实的基础。

1.6 高产高效农业拟突破的关键科学问题

针对作物产量与资源利用效率协同提高这一重大科学命题,本项目从挖掘作物生物学潜力和提高土壤生产力入手,重点解决以下两个关键科学问题。

(1)作物群体结构与花后物质生产、分配的动态协调及其栽培调控原理。作物产量的进一步提高主要依赖于群体的增大和花后物质生产的贡献,如何构建高效能生产系统、高强度支持转运系统、高质量库容系统,克服群体增大条件下个体与群体、源与库、根与冠等矛盾,关键在于阐明作物群体结构与花后物质生产、分配的动态协调及其栽培调控原理。

(2)稳定实现作物高产高效的土壤条件及其调控途径。良好的土体构型、耕层结构和水肥保持与供应能力既是作物高产的基础,也是水肥资源高效利用的关键。稳定实现作物高产高效,急需阐明高产高效的土壤条件和关键过程,揭示土壤对逆境条件的响应和缓冲机理,明确提高土壤生产力的定向调控途径(图1.1)。

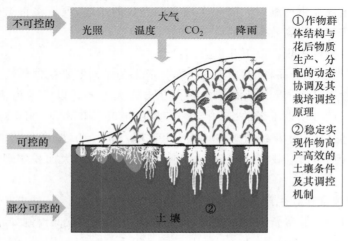

图 1.1 高产高效农业关键科学问题示意图

1.7　高产高效作物生产重大技术问题

如何改进农业生产措施,在保证作物增产与粮食安全的基础上,减少农业生产对资源和环境的压力一直是国内外关注的热点,也是学术界的重大科学命题。发达国家在这个问题上往往采用环境优先的原则,而我国人多地少、资源紧缺,因此持续提高作物单产,同时高效利用有限的资源,是我国农业可持续发展的必由之路。我国人口的持续增长和经济发展要求今后 20 年的粮食总产必须增加 40%,生产能力年均增长 2.0%,而耕地减少、水资源短缺、作物产量对资源投入反应下降等问题要求对于我国未来农业生产必须实现作物高产与资源高效利用相协调的可持续发展。

尽管在过去 40 多年里,我国的粮食总产增长了 3 倍多,但未来粮食总产增加 40%的任务十分艰巨。这主要表现在:①过去的粮食单产基础低,增产较容易,如今在高产的基础上进一步高产难度更大;②资源消耗大,依靠增加资源投入对产量的贡献不断减少;③作物优良性状的遗传变异资源挖掘有限,依靠传统育种大幅度提高产量的空间变小;④环境影响日益严重。因此,未来我们种植业发展必须实现从传统农业的"单赢"——作物产量的提高走向"四赢"——作物高产、资源高效、土壤质量提高和环境保护的转变,走"两型农业"的道路。通过对农作物生产、品种改良、栽培管理等相关科研现状和发展趋势的分析,我们提出生理生化—高产栽培—遗传改良—土壤作物综合管理四位一体的农业可持续发展道路,即在个体水平上阐明作物高产与资源高效的生理生化与分子基础;在田间群体水平上揭示高产高效作物群体建成规律、源库关系和养分、水分吸收规律等;明确高产高效优良品种的生理与形态特征,结合传统育种和现代分子设计育种手段,遗传改良作物品种,提高作物产量潜力与资源利用效率,如绿色超级稻育种等;在此基础上,利用土壤-作物综合管理策略在田块尺度上实现作物高产高效,缩小潜在产量和效率潜力与农户实际情况的差距,如合理施用化肥、农药、灌溉及先进的高产栽培管理技术等;最终通过区域控制、技术传播实现区域作物均衡增产,实现我国种植业发展"四赢"的"两型农业"道路。

1.7.1　通过品种改良不断提高作物品种的产量和资源利用潜力

作物产量潜力越高,实现作物高产就可能越容易。国际上一般认为,当大田作物产量达到作物产量潜力的 80%,进一步改善作物生长环境的潜力变小,增加产量的代价增加,难度增大(Cassman et al.,2003)。因此,不断提升作物产量潜力是未来增加可实现作物产量的基础和关键。然而,通过育种改良作物遗传基因遗传改良途径来提高作物产量潜力的难度越来越大。吴永常等(1998,2000)对我国 1985—1994 年玉米、水稻增产因素研究发现,科技进步对产量增产的贡献率从 35.5%下降到 29.2%。戴景瑞(1999)认为近 20 年来,我国玉米的产量潜力并没有明显增加,新品种之所以被审定推广,主要是由于对照品种丧失抗病性和典型性。

第一次绿色革命通过品种矮化,提高了稻、麦等作物的收获指数,实现了作物产量的大幅度提高。新的绿色革命的方向是什么？国家"973"项目"主要农作物核心种质构建与应用研究"将其概括为"少投入，多产出，促进健康，保护环境"。在水稻上，张启发（2007）又将其落实到培育"绿色超级稻"上。绿色超级稻的培育较第一次绿色革命的难度更大，任务更艰巨，而这一任务的实现有赖于种质资源的发掘与基因组学及基于基因组学的生物技术在作物育种上的应用。

新的绿色革命有赖于种质资源的发掘，要求发掘更多的高产源、抗源、优质源与高效源。当前我国主要农作物的核心种质与微核心种质已经建立；利用微核心种质建立起了大量的基因作图群体；通过图位克隆、突变体、基因表达及同源序列等方法，已经克隆出了一批重要的基因，如水稻的粒长基因 GS2、粒重基因、分蘖基因、穗型基因、抗病基因等。这些基因在新的绿色革命中将可能发挥其作用。

我国新基因发掘的工作虽然已取得了巨大的成就，但上述工作仅仅是个开始。这是因为：①已克隆的基因大多数都是已经在生产上发挥作用的基因，而新的绿色革命所需要的基因尚未被发掘利用；②基因克隆的工作在作物上进展很不平衡，已克隆的基因主要来自水稻，而从小麦、玉米、大豆等作物中克隆的基因甚少；③新的绿色革命需要的基因较多，这些基因组装后的互作关系尚不清楚；④克隆的基因是具有知识产权的，我国种质资源中的宝贵基因，我们如不抢先克隆，一旦被其他国家克隆了，其知识产权将归他人所有。因此，新基因发掘不仅是关系到我国第二次绿色革命的成败，而且是关系到我国第三次、第四次……绿色革命的成败。具有知识产权的基因，是我国农业生产的立命之本，是发展我国农业生产的战略资源。鉴于上述情况，我国应该进一步加大对于种质资源新基因的发掘的支持力度，并持续地支持下去。

新的绿色革命有赖于基因组学与新的生物技术革命。当今的作物科学研究已进入基因组学时代。在基因组学时代，有两项具有里程碑意义的研究，这就是基因组测序与基因组单倍型分析。基因组测序的意义大家已经认识得比较清楚了，它使人们第一次认识到了作物的基因组结构与组成，包括基因与重复序列的种类与数量，为基因克隆与基因功能研究奠定了基础。全基因组的单倍型（haplotype）研究对于新的绿色革命及未来的作物科学发展具有更为特殊的意义：①如果说基因组测序是明确了一份材料的基因组结构，那么单倍型分析则是在全基因组水平明确种质资源中基因及其他组成部分的多样性种类、分布与演化，它将为高效地进行基因克隆与杂交亲本选配奠定基础；②明确作物在驯化与现代品种改良过程的选择区段，为这些区段的进一步优化与改良奠定基础；③在全基因组水平明确其各部分与重要农艺性状的关系及其对育种的贡献，发现新的重要区段；④明确基因组中的重组热点，为作物育种各世代的群体设计提供依据。全基因组的单倍型分析将促进作物育种由经验升华到科学，使作物育种取得突破性进展。

近年来随着第二代与第三代测序仪的研制与推广，测序速度正在以数千倍甚至百万倍的速度增加，测序成本也相应大幅度降低，从而使得基于基因组序列的海量数据迅速增长。第二代测序仪的出现极大地促进了基因组学及基于基因组学的作物科学研究。一些基因组巨大、无法用第一代测序仪进行基因组测序的物种（如小麦等）的基因组测序即将完成；基于全基因组重测序的单倍型分析与关联分析正在越来越多的作物上展开，这将使人们能够在全基因组水平来认识种质资源，从而促进种质资源的开发与利用；基于全基因组测序的基因克隆将大大加快功能基因组学研究的进程；基于全基因组选择的分子育种技术将使作物育种取得突破性进展。人们预计，新一代测序仪正在引发一场新的生物技术革命。因此，新的育种技术，包括基因组设计育种、转基因育种、分子标记辅助育种将会大大促进新的绿色革命的实现。当前在这方面存在的问题是：①缺乏关键的有自主知识产权的基因；②分子育种的成本还较高；③上游的研究单位与育种单位结合的不够紧密。这些问题都有待于进一步解决。

传统的育种手段对于改善作物的抗逆性虽有一定效果，如抗旱、养分高效等，但离人们期望的目标还有很大距离，现代生物技术的发展则为人们从分子水平上阐明作物抗逆的物质基础及其生理功能。利用现代生物技术，已在植物资源利用效率、基因分子标记、基因克隆和转基因、定向培育资源高效品种等方面取得了可喜进展，成为生物抗逆研究的前沿热点。Zhang(2007)通过多年的讨论与探索，提出开展"绿色超级稻"培育的构想，即水稻遗传改良目标除了要求高产、优质外，还应致力于减少农药、化肥和水的用量，使水稻生产能"少打农药、少施化肥、节水抗旱、优质高产"。绿色超级稻培育的基本思路是：以目前优良的品种为起点，综合应用品种资源研究和功能基因组研究的新成果，充分利用水稻和非水稻来源的各种基因资源，在基因组水平上将分子标记技术、转基因技术、杂交选育技术有机整合，培育大批抗病、抗虫、抗逆、营养高效、高产、优质的新品种(张启发，2009)。

在对我国水稻生产、品种改良的相关科研现状和发展趋势充分分析的基础上，Zhang(2007)提出绿色超级稻培育两步走的建议：第一步，将绿色超级稻所涉及的基因通过分子标记辅助选择和转基因单个导入到最优良品种中，培育一系列遗传背景相同、单性状改良的近等基因系；第二步，将这些近等基因系相互杂交，实现基因聚合，培育集大量优良基因于一体的绿色超级稻。绿色超级稻将有效地解决传统水稻生产"高投入、高消耗、高浪费、低效益"的粗放式发展问题，有助于水稻产业的可持续发展，实现经济效益、生态效益和社会效益的有机统一。

1.7.2　通过土壤-作物系统综合管理技术同时实现作物高产与资源高效

作物产量与资源效率是一对矛盾统一体。在一定的生产条件下，随着生产资料投入量的不断提高，如化肥、农药、灌水等，作物产量逐渐增加，资源效率下降；当产量增加到最高值时，增加资源投入不仅不能增加产量，反而造成作物倒伏、产量降低、资源效率下降、环境风险大幅增加等问题。然而，当生产条件发生变化，产量水平进一步增加，增加生产资料投入将进一步促进作物的增产，资源效率进一步增加。例如，在过去的 21 年，美国玉米产量不断提高，氮肥偏生产力由过去的 42 kg/kg 增加到现在的 57 kg/kg(Cassman et al.，2003)。因此，充分挖掘作物的生物学潜力，不断提高作物产量是协调作物高产和水、肥高效的前提。

新中国成立以来，针对我国人多地少、区域差异大、灾害频繁、作物和种植制度多样化、小农户耕作等特点，我国在作物高产栽培技术与理论研究方面进行了长期探索，形成了以作物高产为主线，作物-环境-措施三位一体的作物栽培研究方法；提出了以作物器官建成和产量形成规律为理论基础的高产群体各生育期的形态生理特征和指标；阐明了作物与环境因素、群体与个体、不同器官之间的关系,建立了相应的综合诊断方法和多途径高产技术,如水稻"旱育稀植"、"小群体、壮个体、高积累"技术,杂交稻配套高产技术,小麦精播高产栽培技术,玉米紧凑型杂交种密植高产技术,周年多熟一体化栽培的"吨粮田"技术等,有力地推动了我国粮食生产的发展(余松烈,2006;于振文,2003)。近年来,在"国家粮食丰产科技工程"项目资助下,在粮食主产区开展了作物高产、超高产的研究与示范,水稻、小麦和玉米单产分别出现了 12、11 和 16 t/hm² 以上的高产典型,显示了品种和栽培技术巨大的增产潜力。然而,部分高产典型以高额的肥、水和人工投入等为代价,资源效率不高,重演性差。

近年来,国家加大对提高水、肥等资源利用效率研究的支持力度。不少国家基金、支撑计划等项目围绕在不降低产量的同时提高资源利用效率开展工作,在国家自然科学基金重大项目中,建立了区域肥料总量控制与作物生育期分期调控相结合的氮素管理技术,显著地降低了施氮量,提高了氮肥利用率。在农业部"十五"重大引进项目支持下,建立了小麦、玉米、水稻等 12 种主要作物的养分资源综合管理技术体系(张福锁等,2006)。"十一五"以来,针对当前我国集约化作物生产中肥料施用不合理的现状,国家还启动了"测土配方施肥项目",旨在推广应用现有施肥技术,节本增效,提高肥料利用率。围绕灌溉农田高效用水,国家科技支撑项目、"863"、"973"项目都涉及作物高效用水的机理和调控技术,围绕降水(灌溉)—土壤水—作物水—光合作用—干物质量—经济产量的转化循环过程为研究主线,从水分调控、水肥耦合、作物生理与遗传改良等方面出发,探索提高各个环节中水的转化效率与生产效率的机理和调控技术。在旱地作物的水分调控方面,从过去主要通过水平梯田建设和减少坡地径流的工程措施节水,发展到集雨灌溉与发挥作物生物学潜力节水并重,抗旱节水与作物栽培技术有机结合。然而,这些工作大都集中在保持目前产量水平的前提下提高水分、养分利用率。从我国作物产量持续提高与资源高效利用的需求来看,任何水分、养分管理措施只有被栽培技术所采用才有可能在生产中发挥作用,因此,养分、水分等管理迫切需要与高产栽培技术紧密衔接起来,服从于当前和长远的高产栽培要求,不断深化对高产条件下水、肥高效利用的科学机制与调控原理的认识。

针对当前农业生产与科学研究中作物高产与资源高效难于协调的现状,在充分分析我国在高产栽培、优化水分管理、病虫害防治等相关研究现状和发展趋势的基础上,张福锁等(2010)提出了土壤-作物系统综合管理同时提高作物产量与资源利用效率的设想(Chen et al.,2011)。通过土肥、栽培、灌溉等多学科结合,进一步挖掘作物产量潜力,以土壤、根系和作物栽培调控构建健康群体,同时实现作物高产与资源高效;进一步提高土壤生产力,简化栽培技术,提高水、肥资源利用效率。同时提出在当前农业生产中同时实现作物高产与资源高效的两步战略目标:第一步,在现有产量和资源效率的基础上,实现产量增加 15%~20%,资源利用效率提高 20%以上;第二步,产量增加 30%~50%,资源利用效率增加 30%以上。第一步的目标主要通过现有栽培、水肥管理、病虫害等技术组合与优化,重点突破高产群体与高效养分、水分根层调控相匹配的最佳养分、水分管理等共性关键技术。第二步目标应在更高的产量和效率目标下,围绕作物高产高效的栽培调控和资源配置的三个关键过程,即:作物高产群体结构与功能的调控过程、高产作物水肥高效利用的根-土互作过程、作物高产高效的土壤条件与关键过程,深入开展高产高效的基础理论研究,为进一步大幅度提高产量和资源利用效率提供理论依据(图 1.2)。

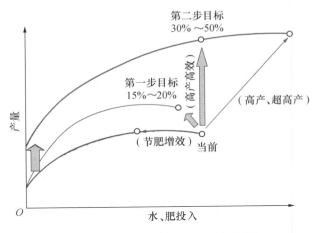

图 1.2　高产与水、肥高效利用发展目标

1.7.2.1　协调生态因子,构建理想群体、协调花后物质生产与分配,实现作物高产

提高农田单位面积作物产量,关键在于充分利用当地生态条件,建立合理的群体结构,协调个体与群体以及源与库之间的矛盾,使群体光合物质生产发挥最大效能。陈新平(2011)通过 Hybrid-Maize 生产模型分析北京市多年生态条件,发现改变春玉米播期、密度和品种,使玉米的生长发育规律与当地生态因子匹配,能够大幅度地提高玉米产量,比如,①在相同品种和密度条件下,仅改变春玉米的播期,可最高提高玉米产量 34％(图 1.3A);②在相同品种和播期条件下,将玉米播种密度从每公顷 60 000 株提高到 100 000 株,可提高玉米产量 16％(图 1.3B);③在相同密度和播期条件下,更换长生育期品种,可提高玉米产量121％(图 1.3C)。

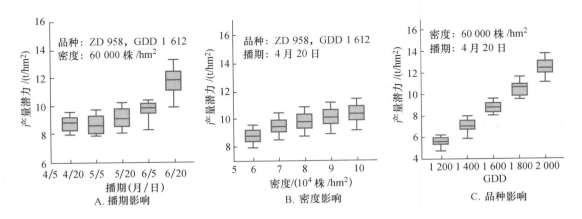

图 1.3　生产措施对北京市春玉米产量的影响

依据农户调查结果,当前北京地区农民春玉米的播期为 4 月 20 日,密度为 60 000 株/hm^2,品种为郑单 958(GDD,1612),模型模拟产量潜力为 8.9 t/hm^2。若将农民管理措施优化为

13

播期 4 月 28 日,密度 100 000 株/hm²,品种为超试 1 号(GDD,1952),模型模拟产量为 14.0 t/hm²,较农民习惯产量增加 57%(图 1.4)。

大量研究表明,高产粮食作物籽粒灌浆物质的 80%~90%来自抽穗后的光合生产,经济产量与抽穗后的干物质生产呈极显著的线性相关,因此,在光、温条件允许的前提下,延长绿叶面积持续时间以增加结实期的光合生产、提高光合速率和物质运转与分配效率,是提高作物产量的关键途径。作物冠层结构是作物个体、群体数量与质量的综合体现。作物理想冠层的本质特征是群体叶面积指数适中、株型合理、总库容量(群体总粒数)大。国际水稻研究所(IRRI)在 1990—2000 年的研究战略中提出了突破产量限制的新思路和超高产的作物理想构型,对进一步提高作物产量具有指导意义。美国在 20 世纪后期一直把"持续提高作物生产力的途径"作为国家级重点研究领域,通过提高密度、综合调控资源投入,在挖掘作物的产量潜力方面取得了重大突破,创造出单季玉米产量高达 27.8 t/hm² 的世界纪录。

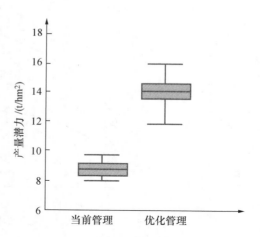

图 1.4 模拟当前农民管理与优化管理的玉米产量潜力

1.7.2.2 同步根层水肥供应与高产作物需求,实现资源高效

以往的研究和生产多以水肥的大量投入、提高土壤水分含量和养分浓度的方式保证作物生产。该方法忽视了土壤—作物—环境过程的精确调控,对保证当季作物产量是有效的,但造成了当前农田水分、养分的大量残留,增加了水分浪费、养分损失的危险性。我们研究发现,近 20 多年来集约化农田土壤积累的养分和环境来源的养分数量越来越大。华北平原每年来自大气干湿沉降的氮素已经超过 80 kg/hm²(He et al.,2007),部分集约化菜地来自灌溉水的氮素养分超过 100 kg/hm²,接近蔬菜吸收量的 1/3;与此同时,由于连年过量施肥,土壤养分累积数量越来越大,如华北平原 0~100 cm 土壤无机氮小麦-玉米轮作体系播前高达 221~275 kg/hm²,果园达 613 kg/hm²,大棚蔬菜更高达 1 173 kg/hm²(Ju et al.,2006)。土壤和环境养分是一柄"双刃剑",有效利用,则减少化学养分投入,增加养分效率;如不能很好地加以利用,不仅造成资源浪费,也会对环境产生严重威胁。因此,农田养分管理必须改变以往只重视肥料养分的做法,将来自土壤、肥料和环境的养分资源统筹考虑。

以往的施肥技术对氮、磷、钾和中微量元素采用同一种管理策略,即使是国际上的精准农业也常常延用这一技术思路,对土壤磷、钾进行实时实地精确测定和管理。我们长期系统的研究发现,氮素具有来源广、转化快、时空变异大、损失途径多、环境影响显著等特征,必须进行精细的实时监控。而磷、钾则相对稳定、易在根层土壤中累积;过去常常认为,磷、钾在土壤中的固定会失去肥效,但我们及国内外的大量研究却表明,磷肥具有长期的、远远高出我们以前预期的累积利用率(40%~50%),钾也如此,这是因为作物根系可以通过其生理作用及根际过程使化学方法难以提取的难溶性磷转化为作物可以吸收利用的生物有效性磷，从而增加磷的后效、显著提高磷肥的累积利用率(Shen et al.,2004；刘建玲等,1999)，因此，磷、钾管理就没有必要像氮素那样在每个作物生长季进行实时监控。中微量元素由于容易在根层土壤中积累，只要根系生长健康就可有效活化利用。如果土壤缺乏，就可通过施肥加以矫正，因此，宜采用因缺补缺、矫正施用的原则。

养分资源综合管理技术新途径是未来我国养分综合管理技术的重点，必须实现：①将以往对整个土体土壤养分的管理调整为对作物根层养分供应的定向调控；②各种养分由于具有不同的生物有效性和时空变异特征，应采取不同的管理策略；③根层养分适宜供应范围的确定，既要考虑高产作物根系生长发育的特点、不同生育期养分需求和利用特征，还要充分挖掘、利用作物对根层养分的活化和竞争吸收能力，提高养分利用率并降低养分在转化和迁移过程中损失的强度；④实时定量根层来自土壤和环境的养分供应，明确高产作物关键时期适宜的根层养分供应范围，针对不同土壤和气候条件下养分的主要损失途径，确定肥料养分投入的数量、时期和方法(图 1.5)。

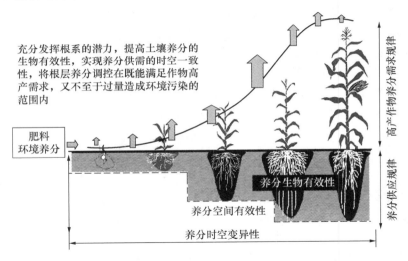

图 1.5　协调作物高产与环境保护的根层养分调控示意图

在根层水分调控方面，灌溉制度已经从充分灌溉向节水型灌溉转变，水分胁迫对作物的影响及其提高水分生产效率机理已成为当前研究的热点，作物高效用水生理调控与非充分灌溉理论研究不断深入，利用作物生理特性改进植物水分利用效率的研究更加引起重视。近年来，国内外提出了许多新的概念和方法，如限水灌溉(limited irrigation)、非充分灌溉(no-full irrigation)与调亏灌溉(regulated deficit irrigation)等，对由传统的丰水高产型灌溉转向节水优产型灌溉，提高水的利用效率起到了积极作用。在灌溉方式上，从均匀灌溉发展到调节植物体机能、提高水分利用效率的局部灌溉。强调交替控制部分根系区域干燥、部分根系区域湿润，以调节气孔保持最适宜开度，达到以不牺牲作物光合产物积累而提高作物水分利用效率的目的。

作物生产中，水、肥两因素直接影响着作物的产量、品质和效益，同时两因素之间也存在着密切的相互关联、相互制约关系，改善作物营养即科学施肥是提高农田水分利用效率的重要途径之一。国内外大量研究试验表明,作物的气孔调节、作物的保水能力和膜透性、作物的光合作用等都与氮、磷、钾营养有紧密关系。在水分胁迫下,施用氮、磷、钾肥,增加氮、磷、钾素营养,能够补偿水分胁迫下作物表现出的生长缓慢、叶面积减小、叶片伸展缓慢和产量下降等不良效应,表现为增大叶面积、促进干物质生产。在旱地条件下,适量施用氮、磷肥,可增加单株次生根条数,并能提高根系活力,以及改善叶片的光合能力,增加同化物含量,而最终提高了作物的水分利用效率。另外,通过施肥可改变植物脱落酸(ABA)代谢,改善植物对干旱信号的感应能力以及提高作物耐旱性。通过建立以肥、水、作物产量为核心的耦合模型和技术,实现合理施肥、培肥地力,以肥调水、以水促肥,充分发挥水肥协同效应和激励机制,提高作物抗旱能力和水分利用效率。

1.7.2.3 提高土壤基础生产力,增强抗逆能力和缓冲性,稳定实现作物高产高效

土壤是作物生产的基础,作物产量潜力和水肥调控作用的持续稳定发挥依赖于良好的土壤条件,因为一个好的土壤条件:①具有良好缓冲能力和系统稳定性;②有利于根系生长和水分、养分及时供应和高效利用(张福锁,2007)。图 1.6 结果表明,土壤不施肥小区作物的产量(基础地力)与施肥条件下的产量有密切的关系,即随着不施肥小区作物的产量的提高,施肥后相应也能获得更高的产量。然而,我国土壤的基础地力仍然较低,2/3 的土壤属于中低产田,因此提高土壤的基础地力是实现我国种植业高产高效的基本保障条件。从世界范围来看,未来全球主要禾谷类作物实现增产潜力的主要途径之一是提高土壤质量(Richter et al. ,2007;Tilman et al. ,2002;Cassman,1999)。

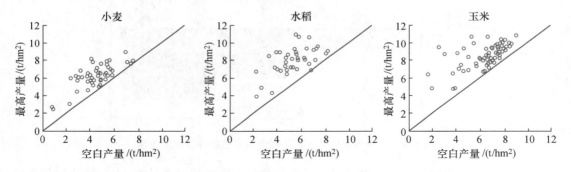

图 1.6 小麦、水稻、玉米空白小区产量(不施肥小区)与最高产量的关系

通过改善土壤有机碳库实现作物高产高效和环境友好已进行了一系列的探索和实践(Lehmann,2007;Lal,2006; Tiessen et al. ,1994)。Drinkwater 和 Snapp(2007)指出,在全球范围内,作物系统对 N 和 P 利用效率不高的原因之一在于土壤 C 与 N,P 的循环过程没有有效耦合。高有机质的土壤可以通过矿化等途径释放活性养分,减少作物对化学养分的依赖;同时增加系统稳定性增加作物丰产、稳产性,提高养分的利用效率(Cassman et al. ,2003)。在集约种植条件下,秸秆还田、有机无机配合、轮作、保护性耕作和增加生物多样性等措施已被证明是实现作物持续高产、增强农田生态系统稳定性的有效技术(Brady and Weil,2002;Rasmussen et al. ,1980)。

在国内,针对粮食主产区面临的土壤耕层变浅、水肥保持和供应能力不能满足作物生长需要以及土壤污染加重等问题,近年来开展了一系列土壤质量、农田物质循环、土壤污染与

修复研究工作。国家重点基础研究项目"土壤质量演变规律及土壤资源可持续利用"通过对土壤质量演变规律的研究,初步建立了土壤质量综合评价指标和模型,开展了土壤质量预测和预警的探索工作。近来启动的重点基础研究项目"我国农田生态系统重要过程与调控对策研究"旨在通过对我国主要农田生态系统的重要过程进行定点长时间序列和联网研究,阐明农田生态系统物质循环规律,揭示系统稳定性的关键生态过程及相互作用机制,发展多目标协调的农田生态系统调控理论。

综上所述,我国科学家在作物育种、高产栽培和土壤水、肥管理等研究领域取得了不少的进展,为国家粮食生产的发展做出了重要的贡献。然而,目前面临的关键问题是,我国作物育种、高产栽培、资源高效利用和环境保护的研究相互脱节,在同时实现作物高产、资源高效、环境优化相协调的理论与技术研究相对薄弱。因此,迫切需要建立作物育种、栽培、农药、植物营养、土壤等多学科紧密结合的研究平台,共同探讨在作物产量持续提高的同时实现资源高效利用的机制,探讨作物高产和资源高效利用的作物群体、土壤以及养分、水分定量调控的技术途径。必须从理论和技术上实现以下突破:①大幅度提高土壤生产力,藏粮于地;②不断提升作物品种潜力,充分挖掘作物产量潜力和资源利用潜力;③节能、低耗、低碳、高效、资源节约型的土壤—作物系统综合管理措施。

参考文献

余松烈. 2006. 中国小麦栽培理论与实践. 上海:上海科学技术出版社.

于振文. 2003. 新世纪作物栽培学与作物生产的关系. 作物杂志,(1),1-12.

张福锁,马文奇,陈新平,等著. 2006. 养分资源综合管理理论与技术概论. 北京:中国农业大学出版社.

Brady N C, Weil R R. 2002. The Nature and Properties of Soils. Thirteenth Edition. Prentice Hall, Upper Saddle River, New Jersey.

Carter M R. 2002. Soil quality for sustainable land management: organic matter and aggregation interactions that maintain soil functions. Agronomy Journal, 94,38-47.

Cassman K G. 1999. Ecological intensification of cereal production systems: Yield potential, soil quality, and precision agriculture. Proceedings of the National Academy of Science, 96, 5952-5959.

Cassman K G, Dobermann A, Walters P. 2002. Agroecosystems, nitrogen-use efficiency and nitrogen management. Ambio, 31, 132-140.

Cassman K G, Dobermann A, Walters D T, Yang H S. 2003. Meeting cereal demand while protecting natural resources and improving environmental quality. Annual Review of Environment and Resources,28, 315-358.

Drinkwater L E, Snapp S S 2007. Nutrients in agroecosystems: Rethinking the management paradigm. Advances in Agronomy, 92, 163-186.

Giller K E, Bignell D E, Lavelle P, Swift M J, Barrios E, Moreira F, van Noordwijk M,

Barois I, Karanja N, Huising J. 2005. Soil biodiversity in rapidly changing tropical landscapes: scaling down and scaling up. In: Bardgett R., Usher M. B., Hopkins D. W. (Eds.), Biological Diversity and Function in Soils. Cambridge University Press, Cambridge, pp. 295-318.

Gruntman M, Novoplansky A. 2004. Physiologically mediated self/non-self discrimination in roots. Proceedings of the National Academy of Science, 101, 3863-3867.

Jackson R B, Manwaring J H, Coldwell M M. 1990. Rapid physiological adjustment of roots to localized soil enrichment. Nature, 344, 58-60.

Kroon H. 2007. How do roots interact? Science, 318, 1562-1563.

Lal R. 2004. Soil carbon sequestration impacts on global climate change and food security. Science, 304, 1623-1627.

Lal R. 2007. Soil science and the carbon civilization. Soil Science Society of America Journal, 71, 1425-1437.

Lehman J. 2007. A handful of carbon. Nature, 447, 43-144.

Matson P A, Parton W J, Power A G, Swift M. J. 1997. Agricultural intensification and ecosystem properties. Science, 277, 504-508.

Peng S, Khush G S. 2003. Four decades of breeding for varietal improvement of irrigated lowland rice in the international rice research institute. Plant Production Science, 6(3), 157-164.

Rasmussen P E, Goulding K W T, Brown J R, Grace P R, Janzen H H, Körschens M. 1998. Long-term agroecosystem experiments: Assessing agricultural sustainability and global change. Science, 282, 893-896.

Richter D, Hfmockel M, Callaham M A, Powlson P S, Smith P. 2007. Long-term soil experiments: Keys to managing earth's rapidly changing ecosystems. Soil Science Society of America Journal, 71, 266-279.

Saffih-Hdadi K, Mary B. 2008. Modeling consequences of straw residues export on soil organic carbon. Soil Biology and Biochemistry, 40, 594-607.

Shearman V J, Sylvester-Bradley R, Scott R K, Foulkes M J. 2005. Physiological processes associated with wheat yield progress in the UK. Crop Science, 45, 175-185.

Swaminathan M. S. 2000. An evergreen revolution. Biologist (London), 47(2), 85-89.

Swift M J, Izac A M N, van Noordwijk M. 2004. Biodiversity and ecosystem services in agricultural landscapes-are we asking the right questions? Agriculture, Ecosystems & Environment, 104, 113-134.

Tiessen H, Cuevas E, Chacon P. 1994. The role of soil organic matter in sustaining soil fertility. Nature, 371, 783-785.

Tilman D. 1999. Global environmental impacts of agricultural expansion: The need for sustainable and efficient practices. Proceedings of the National Academy of Science, 96, 5995-6000.

Tilman D，Cassman K G，Matson P A，Naylor R，Polasky S. 2002. Agricultural sustainability and intensive production practices. Nature，418，671-678.

Zhang H M，Forde B G. 1998. An Arabidopsis MADS box gene that controls nutrient-induced changes in root architecture. Science，279，407-409.

（张福锁）

第 2 章

土壤养分及其养分管理技术

2.1 当前土壤养分资源的变化趋势

20 世纪 80 年代,我国耕地主要土壤养分表现为大面积缺乏,部分土壤养分表现为全面缺乏,其中我国总耕地面积的 78% 为中、低产田(席承藩,1998)。依据全国第二次土壤普查结果,我国 40% 的旱地土壤全氮含量低于 0.75 g/kg,30% 的耕地土壤有机质含量低于 1%,50% 的耕地土壤速效磷含量低于 5 mg/kg,除黑龙江省以外,几乎所有省、自治区、直辖市都有 50% 耕地面积的土壤速效磷含量低于 10 mg/kg。在砖红壤、赤红壤,红、黄壤以及水稻土和灰潮土等地区,土壤则表现为缺钾或严重缺钾,而北方的棕壤、褐土区、暗棕壤、黑土和黑钙土等地区的土壤供钾能力较强。

经过 20 多年的化肥施用和土壤培肥,特别是部分地区的高量施肥,我国耕地土壤全量养分稳步上升,速效养分明显增加,部分速效养分含量已表现为过量累积。甄兰等对山东省惠民县的调查研究结果表明,过去 25 年(1980—2004)来惠民县种植业结构由以粮、棉为主演变为以棉、粮、菜为主;该县的养分平衡状况为氮盈余 6 089~19 405 t,磷盈余 259~7 001 t,钾亏缺 2 532~6 712 t;该县土壤有机质含量、全氮含量、速效磷含量分别增加了 57%、22%、303%,速效钾含量则降低了 6%。张玉铭等对华北山前平原河北省栾城县的调查研究结果表明,2008 年土壤肥力状况较 2000 年和 1979 年发生了明显变化,土壤有机质、碱解氮、有效磷和速效钾含量均有显著提高($P<0.01$),碱解氮含量增加尤为显著。土壤碱解氮平均含量由 1979 年的 56.7 mg/kg 增加到 2000 年的 80.0 mg/kg 和 2008 年的 109.1 mg/kg;土壤有机质由 1979 年的 11.6 g/kg 增加到 2008 年的 18.8 g/kg;土壤有效磷含量由 17.5 mg/kg 增加到 24.7 mg/kg;由于受到"北方石灰性土壤不缺钾"观点的影响,20 世纪该区域农民很少施用钾肥,1979—2000 年间土壤速效钾含量呈下降趋势,由 140.6 mg/kg 下降到 111.4 mg/kg,进入 21 世纪,由于秸秆还田措施的实施和含钾肥料的施用,至 2008 年全县土壤速效钾平均含量又回升到 149.5 mg/kg。甘肃省 5 064 个耕层监测土样化验分析表明,1998 年

全省土壤全氮平均含量为 0.92 g/kg,较 1983 年时的 0.80 g/kg 增加了 0.12 g/kg,增幅 15%(张树清和孙小凤,2006)。

与第二次土壤普查结果相比,当前我国华北、华东、华中和西北地区耕地土壤有机质和全氮含量稳中有升,西南地区有升有降,而东北地区有所下降。如近 20 年来占中国大陆农田面积 53%~59% 的土壤有机质含量呈增长趋势,30%~31% 呈下降趋势,4%~6% 基本持平(黄耀和孙文娟,2006)。20 多年来,我国各区耕地土壤速效磷含量呈显著的增加趋势,部分经济作物耕层土壤速效磷含量表现为过量累积。1980—2007 年,在全国范围内,平均每公顷有 242 kg 磷累积在土壤中,导致我国土壤有效磷含量由 7.4 mg/kg 增加到 24.7 mg/kg (Li et al.,2011)。曹宁(2006)对我国几个主要农区的长期定位试验结果分析表明,土壤磷盈余是我国土壤有效磷含量变化的主要驱动力。

我国部分耕地土壤有效钾水平有所下降,其中以东北地区下降最为明显,如辽宁省 20 年间土壤有效钾含量年递减率约为 1.27%,平均下降 20.6 mg/kg(陈洪斌等,2003)。韩秉进等(2007)的调查结果表明东北地区土壤有效钾水平明显下降,但其平均含量仍保持在 100 mg/kg 以上。西北和华北地区土壤有效钾含量基本持平,局部地区下降明显。以上结果说明,尽管我国各地区土壤有效钾含量出现不同程度的下降,但由于我国北方各区土壤钾素含量较为丰富,并没有出现大面积土壤缺钾现象,增施钾肥还应该针对特定地区和敏感作物,日益扩大的秸秆还田也在很大程度上缓解了我国土壤缺钾问题。

受过量施氮的影响,我国很多地区土壤剖面中出现过量的无机氮(硝态氮和铵态氮)累积,这部分氮素就像土壤中的“定时炸弹”,随时都有向环境中迁移的危险。诸多研究表明,在氮肥用量低于作物最佳或最高产量施氮量时,不会造成土壤硝态氮的大量累积,但超过此值则硝态氮残留量急剧增加(Halvorson and Curtis,1994;Raun and Jordon,1995;Andraski et al.,2000)。巨晓棠等(2003)在北京褐土上进行的冬小麦-夏玉米轮作试验表明,经过一季冬小麦后,施氮量为 120 kg/hm²、240 kg/hm²、360 kg/hm² 时,0~100 cm 累积的硝态氮分别为 84 kg/hm²、114 kg/hm² 和 196 kg/hm²,硝态氮在 100~200 cm 的累积量分别为 40 kg/hm²、135 kg/hm² 和 184 kg/hm²,在施氮量<120 kg/hm² 时,100~200 cm 土壤硝态氮累积量一般不足 100 kg/hm²,而施氮量达到 240 kg/hm² 时,硝态氮累积量多在 200 kg/hm² 以上。山东惠民县大棚蔬菜 0~90 cm 和 90~180 cm 土层硝态氮累积量分别高达 1 165 kg/hm² 和 1 028 kg/hm²,果园 0~90 cm 和 90~180 cm 土层硝态氮累积量也高达 613 kg/hm² 和 976 kg/hm²。北京市保护地蔬菜田 0~400 cm 土壤剖面硝态氮累积量平均达到 1 230 kg/hm²,果园平均为 1 148 kg/hm²,粮田平均为 459 kg/hm²(刘宏斌等,2004)。

过量的不合理的肥料投入带来了非常严重的环境问题,比如水体的富营养化,土壤酸化,温室气体排放以及空气污染等。根据全国第一次污染源普查公告的结果,农业源是总氮和总磷排放的主要来源,分别占排放总量的 57% 和 67%。20 年来,我国高达 90% 的农田土壤均发生不同程度的酸化现象,土壤 pH 值平均下降了约 0.5 个单位,其中,以大棚蔬菜和果园为主的经济作物体系土壤酸化比大田粮食作物体系更为严重。

2.2　基于土壤测试的养分管理技术

2.2.1　基于土壤无机氮(N_{min})测试的氮肥优化管理技术

欧美等研究者在作物旺盛生长期前采取一定土层深度的土壤样品测定无机氮(N_{min},即硝态氮和铵态氮)或只测定硝态氮来进行氮肥推荐,被证明是一项行之有效的技术并得到广泛应用(Greenwood,1986)。土壤 N_{min} 方法在西欧的应用相当普及,其理论基础是基于不同作物需求的不同氮量均来自土壤供应或肥料,作物的需氮量与土壤可提供的无机氮量的差值就可以确定氮肥的推荐量。该技术适用条件是:土壤均一,各田块间土壤变异不大;有较少的土壤氮素淋溶损失;适用于深根系作物。在氮肥用量高,残留无机氮较多的情况下应用 N_{min} 方法可以大大减少过量施肥所造成的氮肥损失,提高氮肥利用率。

根据土壤取样时期的不同,N_{min} 方法可以分为 PPNT,PSNT 等。

2.2.1.1　播前土壤无机氮测试(PPNT)

PPNT(pre-plant nitrate test)是基于播前土壤无机氮测试进行推荐施肥的方法。

推荐施肥量的确定:氮肥的推荐用量＝施肥目标值－播前土壤无机氮测定值(N_{min})。

其中,氮的施肥目标值的确定是可以根据目标产量氮素吸收量、肥料效应函数等方法进行确定,同时需要考虑前茬作物、有机肥施用量、施肥历史记录等。

该方法比较简单,易操作,仅需告知农户氮素目标值,农户根据播前土壤无机氮测试的结果就可以进行氮肥推荐。在美国威斯康星州,使用 PPNT 来进行氮肥的推荐管理,89％的地块使用了正确的施肥量,过量施氮量减少了 67％(Bundy and Andraski,1995)。在威斯康星州,推荐施肥量随着 PPNT 测试值的增加而直线下降。

该方法已经在美国、阿根廷等的干旱地区进行应用,但是,该方法在应用的时候有 2 个限制:①在高降雨量的地区作物生育期内存在硝酸盐的淋洗,应用该方法会导致施肥量的低估;②该方法没有考虑到作物生育期内的土壤矿化量(Sainz Rozas et al.,2008)。这种方法只是在美国干旱地区进行过验证,而在中西部地区并不有效,由于天气的变化影响到硝态氮(NO_3-N)的损失、土壤氮素矿化、作物 N 的需求等(Bundy et al.,1999)。

2.2.1.2　作物生育期无机氮测试(PSNT)

作物生育期无机氮测试(PSNT)是在作物生育期内通过对追肥前根层土壤 NO_3^--N 含量的测定来判断是否需要追施氮肥技术。

该方法以田间试验为基础,通过在不同土壤性质、不同肥力水平上的多点氮素梯度试验,确定根层土壤 NO_3^--N 含量达到多少时产量就不会随着氮素用量的增加而升高,从而确定该种作物的 PSNT 临界值。采用 PSNT 方法进行推荐施肥,即若土壤中 NO_3^--N 含量低于 PSNT 临界值,则通过追肥将其补充到 PSNT 临界水平。该方法具有反应快速、操作简单的特点,在保证作物产量的同时,又能很好地控制肥料的施用量,达到减少肥料投入、降低环境风险的目的。

PSNT 方法是 Magdoff(1984)首先提出并在美国玉米生产中开始应用的。通过在不同土壤性质、不同肥力水平上的多点氮素梯度试验,确定根层土壤 NO_3^--N 含量达到一定浓度时作物产量就不会随着氮素用量的增加而升高,该根层土壤 NO_3^--N 含量即为 PSNT 临界值(Magdoff et al.,1984,1991)。土壤类型、作物种类等对 PSNT 临界值都有一定影响。

该方法简单、快速、准确。非常适合在田间进行操作。但是,由于每种作物的氮素供应目标值不一样,必须要经过大量的田间试验获得。同时,该方法只考虑到作物生长中的氮素施用量,而没有考虑其他磷、钾等元素,所以容易造成其他营养元素的缺失,或者施用时缺乏相应的指导。

2.2.2 以根层养分调控为核心的氮素实时监控技术

针对土壤氮素高度的时空变异和作物氮素吸收与根层土壤氮素供应难以同步的现状,从根层土壤养分调控的思路出发,根据高产作物氮素吸收特征,实现来自土壤、环境和肥料的根层土壤氮素供应与作物氮素需求的同步,建立了以根层养分调控为核心的氮素实时监控技术(in-season root zone N management)。

以根层养分调控为核心的氮素实时监控技术的要点是:

①根据高产作物不同生育阶段的氮素需求量确定根层土壤氮素供应强度的目标值(范围)。

②根层土壤深度随作物生育进程中根系吸收层次的变化而变化,并受到施肥调控措施的影响。

③通过土壤和植株速测技术对根层土壤氮素供应强度进行实时动态监测。

④通过外部的氮肥投入将根层土壤的氮素供应强度始终调控在合理的范围内。以此实现土壤、环境氮素供应和氮肥投入与作物氮素吸收在时间上的同步和空间上的耦合,最大限度地协调作物高产与环境保护的关系。

依据这一思路,我们建立了根层氮素调控的技术途径与指标(图 2.1 右)。根据作物不同生育阶段的氮素需求确定根层氮素供应目标值,根据根层土壤氮素供应的实时监测确定不同阶段的氮肥用量。我们首先在 8 年的长期定位试验中证明根层氮素调控很好地满足了作物的氮素需求,在保障高产的同时大幅度降低了氮肥用量,减少了氮素向环境的迁移(Zhao et al.,2006)。在此基础上,我们进一步在华北平原对该体系进行了广泛的试验验证。在山东、河南等地的 121 个小麦和 148 个玉米田间试验结果表明,与农民传统相比,根层氮素调控可以节省氮肥用量 40%~60%,提高作物产量 4%~5%,减少氮素损失 65~116 kg/hm²,大幅度提高肥料效率。同时,可将作物收获后 0~90 cm 土壤中硝态氮控制在 100 kg/hm² 以内,以进一步减少氮素淋洗损失的风险,这一指标与欧盟大田作物收获后土壤硝态氮残留控制标准相当(Cui 等,2008;Cui 等,2010)。

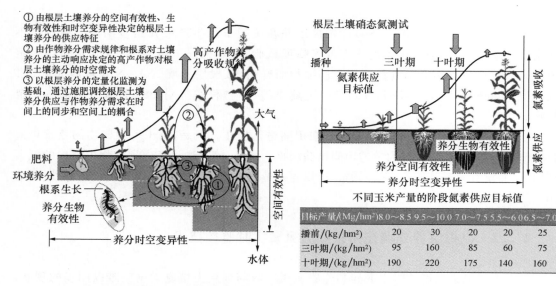

图 2.1　根层养分调控的理论思路(左)和以玉米为例的根层养分调控技术指标(右)

2.2.3　基于养分平衡的磷、钾恒量监控技术

　　磷、钾恒量监控技术以长期定位试验为基础,结合养分平衡和土壤测试,着眼于作物持续高产和土壤养分的持续供应能力,而不强调一地块或年度施肥量的精确计算,具有较强的应用前景。国内已有的施肥技术中磷、钾管理基本采取肥料效应函数法、土壤养分丰缺指标法或由肥料利用率决定的养分平衡法,没有考虑磷肥的累积效应,而国外的精准农业主要强调了对土壤磷、钾空间变异的管理。

　　磷、钾恒量监控技术是指通过肥料长期定位试验,找出能将土壤有效磷、钾含量持续控制在适宜范围内的施磷、钾量,以此作为施肥建议,并在一定的时空范围内保持用量的相对稳定。这里适宜范围是指能获得持续高产的最低土壤有效磷、钾含量,与作物种类或种植制度有关。恒量是指对给定的作物或种植制度,在一定的农业生态区域内的非逆境土壤上,及在产量水平尚未得到显著提高的一个相当长的时期内,施肥量不因土壤肥力水平不同或年度、轮作周期差异而改变。监控是指施肥量不变是相对的,恒量的时空范围需由土壤测试进行监控。

　　基于养分平衡和土壤测试的磷、钾恒量监控技术原理见图2.2。根层养分调控上限为环境风险线,而根层养分调控下限为保证作物持续稳定高产线。在土壤有效磷、钾养分处于极高或较高水平时,采取控制策略,不施磷、钾肥或施肥量等于作物带走量的50%～70%;在土壤有效磷、钾养分处于适宜水平时,采取维持策略,施肥量等于作物带走量;在土壤有效磷、钾养分处于较低或极低水平时,采取提高策略,施肥量等于作物带走量的130%～170%或200%。以3～5年为一个周期,并3～5年监测一次土壤肥力,以决定是否调整磷、钾肥的用量。

　　磷、钾恒量监控技术通过大量田间试验,建立了大田粮食作物土壤有效磷、钾指标和土壤磷的环境风险指标,具体指标见《全国主要作物推荐施肥指南》。该技术能够在满足作物

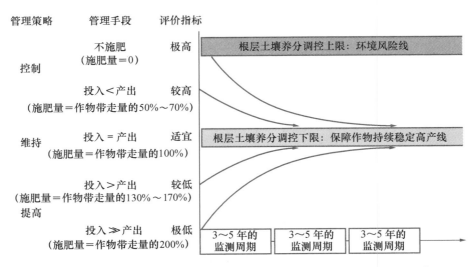

图 2.2　基于养分平衡和土壤测试的小麦、玉米磷、钾恒量监控技术原理(赵荣芳等,2006)

高产需求和最大经济效益的同时降低磷、钾肥使用量,降低磷素累积的环境风险,达到节肥环保的目的。以山东省为例,在 61 130 个土壤测试样品中仅有 27% 的有效磷含量低于适宜水平(<14 mg/kg),依据磷、钾恒量监控技术,小麦-玉米轮作体系的磷肥(P_2O_5)推荐用量平均为 72 kg/(hm² · 年),而依据单季作物肥料效应函数法的磷肥推荐用量均为 120 kg/(hm² · 年),仅此一项,山东省年节省纯磷 $14.4×10^4$ t(张福锁等,2008)。

　　磷、钾恒量监控法协调了作物高产、肥料高效和土壤培肥三方面的关系,有利于农业的可持续发展,这一方法并不强调一块地或年度施肥量的精确计量,因而简化了农作,提高了生产效率,便于在生产实践中推广应用。磷、钾恒量监控技术具有较强的科学性和简便可行性,具有广阔的应用前景。

2.2.4 微量元素因缺补缺

　　微量元素因缺补缺是建立在作物营养平衡和高产、稳产基础上的微肥施用技术。其基本技术模式为"监测矫正施肥",即以土壤、植物监测为主要手段,对缺素土壤或作物,通过施用适量肥料进行矫正,使其成为非产量限制因子。

　　微量元素因缺补缺技术遵循李比希最小养分定律,同时作物必需的微量元素呈现典型的剂量依赖关系,过量的微量元素会导致作物毒害降低产量(图 2.3)。因此,微量元素因缺补缺的技术原理重点在调控土壤、作物中微量元素含量处于既不过低,又不过高的合理范围内。然而微量元素需求量少这一显著特征决定了并非所有土壤都需要施用微量元素,因此必须通过定期土壤测试、植株诊断以及田间生物效应来判断该微量元素是否是产量的限制因素,如果低于临界水平则考虑施用相应的微肥。

　　微量元素因缺补缺的技术规程主要包括常见作物微量元素缺乏敏感指标、土壤类型、土壤分析和植株诊断指标。土壤类型,主要是土壤母质对微量元素有效含量影响较大(表2.1),确定土壤类型分布,初步判断潜在缺乏的微量元素种类及程度。

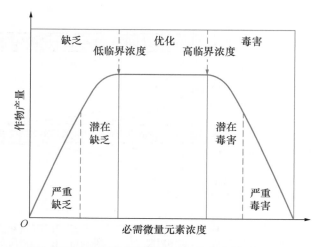

图 2.3　作物必需微量元素典型的剂量响应曲线（摘自 Alloway，2008）

表 2.1　我国易缺乏微量元素的土壤类型、缺素面积占耕地比例以及常规施肥技术

元素	易缺土壤	施肥技术（一般用量）
Zn	砂岩发育的红壤及石灰性土壤	基施：15～30 kg/hm² 七水硫酸锌；喷施：0.1%～0.4% 七水硫酸锌，用量 400～1 125 kg/hm² 溶液；浸种：用 0.5%～1% 七水硫酸锌溶液浸泡 12 h 左右
Mo	黄土发育的土壤	基施：0.75～1.5 kg/hm² 钼酸铵与细干土混施；拌种：用 2%～3% 钼酸铵溶液，用量为每千克种子 1～2 g；浸种：用 0.05～0.1% 浸种 12 h 左右；喷施：用 0.02%～0.05% 钼酸铵溶液，每次 750～1 125 kg/hm²，共 2～3 次
B	花岗岩、片麻岩等酸性火成岩及其变质岩发育的土壤，红、黄壤及黄河冲积物土壤	基肥：7.5～15 kg/hm² 硼砂与干细土或有机肥混施，勿接触种子；追肥：3～5 kg/hm² 硼砂；浸种：0.02%～0.05% 硼砂溶液浸泡种子 6～8 h；喷施：用 0.1%～0.25% 硼砂溶液，用量 600～1 200 kg/hm²，喷施 2～3 次
Mn	石灰性土壤，通透性好的轻质土壤如黄泛区果园土壤，淋洗强的旱地土壤等	基施：15～45 kg/hm² 硫酸锰与有机肥或细干土混施；浸种：0.1%～0.2% 硫酸锰溶液浸种 12～48 h；拌种：用硫酸锰溶液，每千克种子 4～8 g；喷施：0.05%～0.1% 硫酸锰溶液，用量 750～1 125 kg/hm²
Cu	砂岩及酸性岩发育的土壤，沼泽土及泥炭土，烂泥田、冷浸田等强还原性水稻土	基施：15～22.5 kg/hm² 硫酸铜与细干土混施；拌种：每千克种子用 0.3～0.6 g 硫酸铜；浸种：0.01%～0.05% 硫酸铜溶液，用量 750～900 kg/hm²，铜肥易过量毒害，后效 3～5 年
Fe	石灰性土壤	经济作物、大田作物以喷施为主，硫酸亚铁浓度在 0.2%～1%，螯合态铁肥应降低喷施浓度；果树也可采用注射、基施铁肥

　　土壤分析和植株测试的临界指标如表 2.2 所示。土壤分析可以预测可能的微量元素缺乏以及监测不同时期微量元素含量的变化，其最大的用处在于参考作物微量元素缺乏敏感

指标,结合土壤测试值进行推荐施肥。植株诊断多基于植株幼嫩无污染部分(如最新展开叶)的测定,检测结果更为可靠。

微量元素因缺补缺的技术流程包括:①使用微量元素前,排除和纠正其他产量限制因素;②选择合适的微肥用量、肥料种类、施用方法和施用时间以有效纠正相应的缺乏;③确定微肥施用的余效,避免引起毒害。

表 2.2   土壤有效微量元素含量和植株微量元素临界值指标   mg/kg

微量元素	提取方法	土壤临界值	植株临界值
Fe	DTPA	4.5～10	10～30
Zn	DTPA(石灰性土壤)	0.2～0.5	10～30
	HCl(酸性土壤)	1.5	
Mn	DTPA	10～20	10～30
Cu	DTPA(石灰性土壤)	0.2	2～10
	HCl(酸性土壤)	2.0	
Mo	草酸-草酸铵浸提	0.15～0.2	0.1～0.2
B	沸水浸提	0.5	2～5

2.3 基于植株浓度的养分管理技术

作物体内的养分状况可以直接反映作物的营养状况,因而可以作为推荐施肥的指标。在植株氮素营养诊断中,目前在生产中应用的营养诊断方法主要有植株全氮含量(Roth et al.,1989;Geralelson,1990)、组织汁液含氮量(Scaife et al.,1983)、叶片叶绿素含量(Follet et al.,1992)测试等方法。

2.3.1 成熟期籽粒和秸秆氮临界浓度

作物体内的养分状况可以直接反映作物的营养状况,Macy(1936)提出了临界养分浓度的概念:即可获得最大地上部生物量所需要的最低氮浓度。对于收获期籽粒和秸秆中氮浓度,同样也存在这临界浓度(N_c),即可获得最大产量的最低籽粒氮浓度和秸秆氮浓度,可以用于作物氮营养状况的诊断。Pierre 等(1977)的研究表明,Iowa 州玉米籽粒的临界氮浓度为 1.52%～1.54%;而在德国,Herrmann 和 Taube(2005)发现在青贮饲料玉米的成熟期,临界的氮浓度为 1.05%。Engel 等(2006)研究发现美国冬小麦籽粒的临界氮浓度为 2.12%;而 Selles 等(2001)在加拿大春小麦上的研究结果表明籽粒临界氮浓度为 2.7%～2.8%。以上结果表明,成熟期的籽粒和秸秆的氮临界浓度受到气候条件、作物品种等因素的影响。在应用籽粒和秸秆的临界氮浓度进行氮的营养诊断时,要建立特定气候条件及品种条件下的指标体系。

中国农业大学养分资源管理小组通过多年多点的田间试验发现,华北平原冬小麦成熟期秸秆和籽粒的临界氮浓度分别为 0.68%(范围为 0.65%～0.71%)和 2.19%(范围为

2.08%～2.30%)。在田间的试验结果表明,对于氮肥优化处理,55%的点位于临界籽粒氮浓度范围内,只有9%的点的值高于临界浓度;而对于农民传统处理,52%的点位于临界籽粒氮浓度范围内,有23%的点的值高于临界浓度(Cui et al.,2009)。对于夏玉米,研究结果表明,成熟期秸秆和籽粒的临界氮浓度分别为0.81%(范围为0.73%～0.89%)和1.26%(范围为1.20%～1.32%)。在田间的试验结果表明,对于氮肥优化处理,68%的点位于临界籽粒氮浓度范围内,只有17%的点的值高于临界浓度;而对于农民传统处理,45%的点位于临界籽粒氮浓度范围内,有54%的点的值高于临界浓度(Chen et al.,2010)。

2.3.2 生育期内临界氮浓度稀释曲线

前人研究表明,氮的临界浓度(N$_c$),即可获得的最大地上部生物量的最低氮浓度,可以用于作物氮营养状况的诊断。在作物生育期内,氮浓度随着地上部生物量的增加而降低,二者的关系可以通过稀释曲线 $N=aW^{-b}$ 来描述。通过作物生物期内氮的临界浓度,我们可以得到生育期内的临界氮浓度稀释曲线。基于作物生育期内的临界氮浓度稀释曲线,Lemaire等(2008)定义了 NNI(Nitrogen Nutrient Index),即氮的营养指数。当 NNI＜1 时,意味着作物的氮营养状况是缺乏的;当 NNI＞1 时,意味着作物的氮营养状况是过量的;当 NNI＝1 时,意味着作物的氮营养状况是适宜的。

Justes 等(1994)给出了法国冬小麦的临界氮浓度稀释曲线:N$_c$=4.35$W^{-0.442}$,这一临界稀释曲线在小麦氮诊断中得到广泛应用。但是,一些研究表明生态区、物种间,甚至是同物种间基因型的差异都会影响到临界氮浓度稀释曲线。

Yue 等(2012)通过验证发现法国的冬小麦氮临界稀释曲线并不适用于华北平原的冬小麦的氮营养诊断。通过多年多点的氮水平试验,Yue 等(2012)得到了华北平原冬小麦生育期内的临界浓度点(图 2.4)以及华北平原的临界氮浓度稀释曲线:当冬小麦地上部生物量在 1～10 t/hm^2 时,N$_c$=4.15$W^{-0.38}$;当冬小麦地上部生物量小于 1 t/hm^2 时,氮临界浓度是常量,N$_c$=4.15%。和法国的曲线相比较,我们的曲线位于其下方。这主要是由于华北平原和法国的气候条件差异以及冬小麦品种差异造成的。

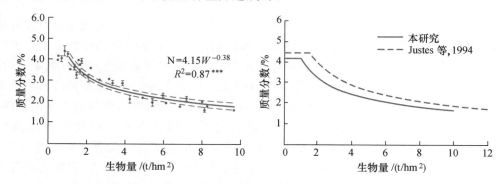

图 2.4 华北平原冬小麦氮浓度临界点(左)以及临界氮浓度稀释曲线(右)

2.3.3 植株硝酸盐诊断技术

植株硝酸盐诊断技术是指通过作物生育期内植株体内硝酸盐含量的测定反映作物氮营养状况的方法。应用该技术进行推荐施肥,首先通过田间试验建立植株硝酸盐含量与氮素供应量、作物产量的数学关系,建立诊断指标和追肥指标,以此指标推荐氮肥用量。

与植株体内全氮含量相比,植株硝酸盐含量能更快、更准确地指示作物的氮营养状况,特别是作物缺氮的指示。作物体内的硝酸盐浓度和氮肥施用量、作物产量之间存在明显的数据关系式,即随着氮肥施用量的增加,作物产量增加,体内硝酸盐相应增加;当氮肥用量达到最佳时,作物产量趋于平衡,继续增加氮肥用量,作物产量不再增加,而植株硝酸盐含量增加。如李志宏(1999)发现随着氮肥施用量的增加,小麦茎基部硝酸盐浓度与施氮量之间的相关性都达到极显著的水平,二者可以用线性、指数和二次型曲线拟合。

通过大量田间试验和文献数据总结,建立了蔬菜和大田粮食作物特定部位植株硝酸盐诊断指标,具体见表 2.3。

表 2.3 我国主要旱地作物植株硝酸盐诊断的采样测试部位、时期与临界值

种类	采样测试部位	采样测试时间	临界值(NO₃)/(mg/L)
小麦	茎基部	拔节期	1 300~1 500
玉米	最新展开叶中脉	大喇叭口期	1 000~1 240
番茄	最新展开叶中脉	第一穗果膨大期	4 500~5 200
		第一二穗果膨大期之后	3 800~4 500
黄瓜	最新展开叶中脉	初瓜期	3 800~4 500
大白菜	最新展开叶中脉	包心前期	2 500~3 000
棉花	蕾期	倒四叶叶柄	8 000~9 000
马铃薯	倒四叶叶柄	块茎形成期(出苗后 20 d)	6 000~7 000
		块茎增大期(出苗后 45 d)	4 000~5 000
啤酒大麦	茎基部	拔节期	1 500~2 000
烟草	最新展开叶脉基部	移栽后至打顶前	2 000~3 000

应用植株体内硝酸盐诊断进行氮肥推荐一般可使作物增产 5%~10%,在高投入地区节省氮肥 10%~30%,氮肥利用率提高 10~25 个百分点,经济效益、社会效益和生态效益十分显著。1998—2000 年,植株硝酸盐诊断技术与土壤测试技术相结合,在北京市郊区顺义、通县、大兴、平谷和昌平等 8 个区(县)进行了大面积的田间校验和示范推广,总计推广面积达 4×10^4 hm²。

2.4 基于氮素无损测试的养分管理技术

作物体内的养分状况可以直接反映作物的营养状况,因而可以作为推荐施肥的指标。在植株氮素营养诊断中,目前在生产中应用营养诊断方法主要有植株全氮含量(Roth et al.,1989;Geralelson,1990)、组织汁液含氮量(Scaife et al.,1983)、叶片叶绿素含量(Follet et al.,1992)测试等许多方法,同时,应用遥感技术获取植株冠层的光谱特征进行作物氮素营养诊断。

2.4.1 便携式叶绿素仪(SPAD)

SPAD植株快速测试氮素诊断是利用便携式SPAD仪在田间快速无损的测定植株叶片叶绿素含量,诊断植株氮素营养状况。它不需要破坏植株叶片就可以得到与作物氮营养含量相关的叶绿素含量指数(即SPAD值),可以比较准确地诊断氮营养状况并推荐追施氮肥用量,从经济和环境因素上使得氮肥合理优化施用。

植株叶片的叶绿素含量同叶片氮浓度存在显著相关关系(Wood,1992),不同生长时期、不同施肥量的植株叶片SPAD值存在着差异。在作物需肥的关键期,合理施肥的作物叶片SPAD值高于氮供应不足的作物叶片SPAD值,利用SPAD值可以判断当前叶片氮营养状况。由于SPAD值可能受到外界因素或人为因素的干扰造成一定误差,可采取相对SPAD值(Hussain et al.,2000),即不同施氮水平的叶片SPAD值同最优施氮的叶片SPAD值的比值来减少误差,合理评估氮营养状况并推荐施肥。

以水稻为例,根据当地水稻生产实际,确定2~3个关键追肥时期和每个时期对应的临界值,水稻关键的追肥时期一般为分蘖期、幼穗分化期和抽穗期,一般北方稻区临界值在36~40,南方稻区临界值在35~38(表2.4)。一般原则是当叶绿素仪读数小于临界值时,施肥量应在原有分配比例的基础上平均增加8~10 kg/hm²;当叶绿素仪读数在临界值范围内时,施肥量按原有分配比例进行施用;当叶绿素仪读数大于临界值时,施肥量应在原有分配比例的基础上平均减少8~10 kg/hm²。

表2.4 我国主要水稻生产地区利用叶绿素仪进行氮肥追施的临界值和施用量 　kg/hm²

种植类型	临界值 SPAD	追蘖肥	追穗肥	粒肥	
				临界值	追肥量
双季早稻	<35	42	49	<37	14
	35~37	35	42		
	>37	28	35		
双季晚稻	<35	49	49	<37	14
	35~37	42	42		
	>37	35	35		
南方单季稻	<35	56	84	<37	14
	35~37	45	70		
	>37	35	56		
华北单季稻	<36	77	77	<38	14
	36~38	63	63		
	>38	49	49		
东北单季稻	<38	20	30	<40	5
	38~40	15	20		
	>40	10	10		

该技术的测定时期一般在水稻的分蘖期和幼穗分化期,对应指导追施蘖肥、穗肥,而在抽穗期对应指导粒肥施用。

在玉米上,十叶期的叶绿素状况与氮素含量具有较好的相关性,可通过追肥来矫正缺氮引起的生长不良,因此可以用九到十叶期新展开叶的SPAD值进行玉米氮素诊断。陈防等(1996)认为玉米出苗后20~30 d的SPAD值48可作为施肥与否的临界值。

该方法比较简单,易操作。只需要告诉农民SPAD仪如何使用和注意事项,农民就可根据不同时期的读数来判断氮营养的丰缺状况,进而合理追肥。SPAD植株快速测试法不需要繁琐复杂的化学测试,提高了诊断的效率和精确度,便于在生产实践中推广应用。但是,深入的研究也发现叶绿素仪应用于田间作物氮素营养诊断存在一些缺陷,主要是:①每次测定的是叶片上的一个点,因此要通过多点(至少30个)的随机测试才能降低测定的变异,这意味着要花费较多的时间和严格掌握测定技术;②其测定结果受品种、耕作、环境等因子影响很大,必须对测试指标进行相应的调整;③在小麦、玉米等禾本科作物上,SPAD读数在一定施氮量范围内随着施氮量的增加而增加,但当施氮量超出一定范围后,SPAD读数则相对稳定,不再增加,这意味着它不能反映过量施氮问题,在推广应用上带来麻烦。

2.4.2 遥感技术在氮营养诊断中的应用

遥感在作物氮营养诊断和推荐施肥方面的应用主要是通过分析作物叶片及其冠层的光谱特征进行的。作物氮素养分含量发生不同的变化都会引起某些波长的光谱反射和吸收产生差异,从而产生了不同的光谱反射率,为用遥感进行作物氮素营养诊断和管理这种非破坏性方法提供了机会。

2.4.2.1 基于数码相机图像的作物氮营养诊断

应用数码相机在田间直接拍摄或采用飞机、风筝、气球等从空中拍摄作物冠层图像,再应用图像中分析出来的绿色深浅参数来诊断作物的氮素营养状况。该技术因其简单、直观和方便引起人们的重视,可能成为作物氮素营养状况诊断的实用工具。

植物冠层的绿色状况通常与叶片叶绿素含量相关,作物的营养状况也直接影响着作物冠层茎叶的颜色,即缺氮时植物叶片绿色变浅而偏黄。由于人的眼睛对波段在550 nm的可见光最敏感,因此,农民通常根据肉眼看到的作物茎叶绿色深浅来决定是否需要追肥。同理,人们用数码相机拍摄作物冠层图像及其中分析出来的绿色深浅参数也可诊断作物的氮素营养状况并作为推荐施肥的依据。

叶片的光学特性与含氮量的关系如图2.5所示。由于叶绿素对可见光的有效吸收,可见光波段(400~700 nm)的冠层光反射随着植株缺氮状况的增加而增强。研究表明,缺氮的植物比供氮充足的植物在整个可见光波段反射的光都要多,作物冠层光反射差异最大的波段通常是在550~600 nm范围内(Blackmer et al.,1994)。

在国内的有关研究中,Jia等(2004)、贾良良等(2009)研究小麦/玉米数码相机图像色彩值及相应的比值指数与氮营养状况,王娟等(2008)和李井会等(2006)分别研究棉花和马铃薯的色彩图像与氮营养状况关系。表2.5为数码相机图像色彩值及相应的比值指数与冬小

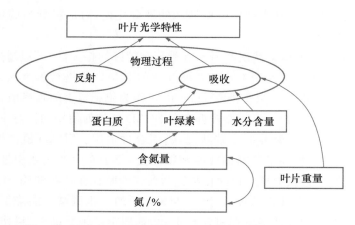

图 2.5　叶片光学特性关系图（引自：Baret 和 Fourty，1997）

麦的氮素营养状况（Jia et al.，2004）。

表 2.5　数字图像色彩参数值与作物氮营养状况各参数间决定系数的比较

项目	数字图像							
	B	G	R	R/B	G/R	G/B	G/(R+G+B)	R/(R+G+B)
茎基部硝酸盐浓度	0.546*	0.549*	0.634*	0.686**	0.637*	0.652*	0.535*	0.828**
SPAD 读数	0.740**	0.137	0.185	0.701**	0.26	0.701**	0.634*	0.659*
生物量	0.690*	0.507*	0.544*	0.783**	0.514*	0.707**	0.535*	0.833**
植株全氮	0.727**	0.496*	0.538*	0.822**	0.511*	0.800**	0.708**	0.909**

注：* $p=0.05$；** $p=0.01$。

　　数码图像诊断技术实质是利用了土壤和植物冠层对光的吸收、反射与折射特性，而田间杂草、病害、虫害和水分胁迫、土壤类型及大气状况、太阳光入射角度等影响光吸收和反射的因素都会影响到作物的冠层图像信息和波谱特征。因此，作物氮素营养状况的数码图像诊断技术在用于作物施肥推荐时，必须与传统的土壤测试和植株测试为基础的地面调查相结合。

2.4.2.2　基于作物冠层传感器的氮营养诊断

　　基于遥感的作物氮营养诊断与调控是近些年来国际上开始兴起的一项新技术，随着欧美等发达国家便携式新型传感器的研制，一些技术已经成熟并且开始应用到农业生产当中。此方法以多年多点田间试验为基础，建立光谱参数和作物产量以及氮营养指标的关系模型，然后通过相应的算法计算出特定年份和特定田块的作物氮肥追施数量。目前国际上比较成熟和应用较多的有美国奥克拉荷马州立大学研制的主动作物冠层传感器 GreenSeeker 和德国 Yara 公司生产的冠层传感器 N-Sensor。

　　1. 基于作物传感器 GreenSeeker 的作物氮肥推荐

　　GreenSeeker 传感器采用主动光源发射红光和近红外光并获取相应的光谱反射率，监测作物长势和氮营养状况，利用归一化植被指数（NDVI）和相应的算法计算作物的氮肥追施数量（图 2.6，Raun et al.，2002；Li et al.，2009）。具体为：①首先建立一个高氮区（N-rich strip），目的是测定作物对氮肥的反应。②在作物施肥的关键生育时期（如冬小麦：返青至拔节；玉米：V8-V12)利用 GreenSeeker 测定 NDVI。③把测得的归一化植被指数 NDVI 代入生育前期产量预测方程 YP＝f（INSEY)[INSEY 等于作物追肥关键时期测得的 NDVI 除以从播种到追肥时活动积温（GDD）大于一定温度数的天数]估算追氮区不施追肥将会获得的产量 YP0。④计算反应指数 RI ＝NDVI$_{高N}$/NDVI$_{追N}$，反应指数可以估测追施氮肥后的增产潜力。如反应指数为 1.3，说明通过追施氮肥可以有 30％的增产潜力。⑤预测高氮区的作物产量：YPN ＝（YP0×RI)。⑥氮肥推荐量 ＝（高氮区产量－追氮区产量)×籽粒含氮量/肥料利用率。

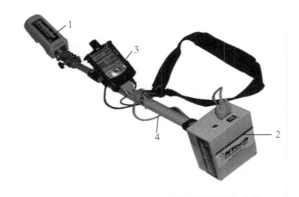

图 2.6 GreenSeeker 主动作物冠层传感器
1. 扫描传感器 2. 里面是由可以充电的干电池和进行模/数转换的主板组成
3. 便携式掌上电脑 4. 可拉伸的连接杆

基于主动作物冠层传感器 GreenSeeker 的作物氮营养实时诊断与定量调控技术，需要记录作物的种植日期、追肥前传感器的测定日期以及播种到追肥期间的日最高温度（T_{max}）和最低温度（T_{min}），从而计算出从播种期到追肥前 GDD＞一定标准的天数，如冬小麦就是（T_{max}＋T_{min})/2 ＞ 4.4℃的天数。图 2.7 是在华北平原建立的多年多点的产量预测模型，利用此模型可以预测出不同年份的产量潜力，从而通过相应的算法算出追施氮肥的用量。在华北小麦生产中，应用该技术在维持产量的基础上，较农民习惯提高氮肥利用率 30％～50％，每公顷增加收入 1 000 多元（Li et al.，2009）。

2. 基于冠层传感器 N-Sensor 的作物氮肥推荐

N-sensor 是德国 Yara 公司 1990 年研制的，主要是由两个二极管阵列的光谱仪、纤维光学元件和一个固定在车辆驾驶室顶上的微处理器组成。其工作原理是一个光谱仪从 4 个定位点收集波长为 450～900 nm 的作物反射光，同时另一个光谱仪收集同样波长的太阳入射光（图 2.8)，从而计算出作物的光谱反射率，然后通过一定的算法得到一个光谱参数，再由相应的软件转换成施肥量。

N-Sensor 的施氮原理是从传感器读数比较大和小的区域向中间值读数的区域转移氮肥（图 2.9)，由于传感器读数与作物生物量的关系非常好，所以其原理就是在生物量比较适中的田块区域施用较多氮肥，而在生物量最多和最少的极端地方施的比较少，目的是为了提高作物产量和吸氮量，缩小它们的田间变异。在应用之前要咨询当地农学家，并结合叶绿素仪（N-Tester）的校正。

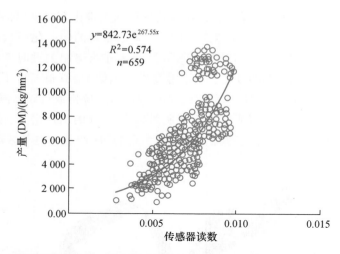

图 2.7 基于主动作物冠层传感器 GreenSeeker 的华北平原冬小麦产量预测模型

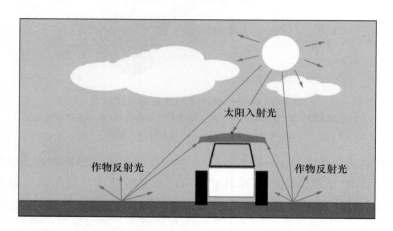

图 2.8 **N-Sensor 的测量原理**（http// www.sensoroffice.com）

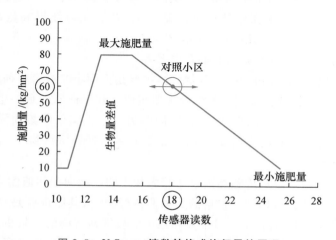

图 2.9 **N-Sensor 读数转换成施氮量的原理**

在欧洲该技术自从 1999 年以来,已经在小麦以及一些禾谷类作物上得到广泛验证与应用。使用该方法可以比农民习惯减少作物产量的田间变异 16%～22%,提高产量 3%～13%,增加谷物的蛋白质含量,减少 14% 氮肥施用量,减少土壤残留氮 36%～52%(Havránková,2007)。

2.4.2.3　基于卫星遥感的氮营养诊断

卫星遥感技术进行植物营养诊断是近年逐渐发展起来的,这主要得益于高精度商用卫星的成功发射,如 IKNOS、SPOT5、Quickbird 等。卫星遥感有多个光谱波段的信息可以选择,与多光谱遥感相类似,卫星遥感主要是利用卫星图像获得的不同光谱波段信息,通过分析建立相应的植被指数与作物营养状况的关系。目前卫星遥感中常用的光谱植被指数也与多光谱遥感相类似,如 NDVI、GNDVI、RVI 和 DVI 等。

卫星遥感可以覆盖较大面积,国际上已经有研究者利用这些卫星获取的数据进行作物的营养管理。如 Wright 等(2003)将 QuickBird 卫星影像应用于小麦籽粒蛋白质含量的管理,发现从 QuickBird 卫星影像中提取的植被指数 GNDVI、近红外波段的反射 NIR 都与植株全氮含量有很好的相关关系。在国内,寿丽娜等利用 Quickbird 卫星数据,对冬小麦拔节期的冠层营养状况进行了监测,发现卫星图像得到的各植被指数与 SPAD 读数、植株全氮含量、地上部生物量等都有良好的相关关系,认为 Quickbird 卫星数据可以用于冬小麦的营养监测(Shou et al.,2006)。

参考文献

曹宁. 2006. 基于农田土壤磷肥力预测的我国磷养分资源管理研究. 博士论文. 陕西杨凌:西北农林科技大学.

陈防,鲁剑巍. 1996. SPAD-502 叶绿素计在作物营养快速诊断上的应用初探. 湖北农业科学,2:31-34.

陈洪斌,郎家庆,祝旭东,等. 2003. 1979-1999 年辽宁省耕地土壤养分肥力. 沈阳农业大学学报,34:106-109.

陈新平,张福锁,江荣风,等. 2003. 土壤/植株快速测试推荐施肥技术体系的研究//张福锁,马文奇,江荣风. 养分资源综合管理. 北京:中国农业大学出版社.

韩秉进,张旭东,隋跃宇,等. 2007. 东北黑土农田养分时空演变分析. 土壤通报,38:238-241.

黄耀,孙文娟. 2006. 近 20 年来中国大陆农田表土有机碳含量的变化趋势. 科学通报,51:750-763.

贾良良,范明生,张福锁,等. 2009. 应用数码像机进行水稻氮营养诊断. 光谱学与光谱分析,29(8):2176-2179.

江荣风,张福锁,苏德纯,等. 2003. 中、微量元素养分监测矫正施肥技术//张福锁,马文奇,江荣风. 养分资源综合管理. 北京:中国农业大学出版社.

巨晓棠,刘学军,张福锁. 2003. 冬小麦/夏玉米轮作中 NO_3^--N 在土壤剖面的累积及移动. 土壤学报,40:538-546.

李井会,朱丽丽,宋述尧. 2006. 数字图像技术在马铃薯氮素营养诊断中的应用. 中国马铃薯,20(5):257-260.

刘宏斌,李志宏,张云贵,等. 2004. 北京市农田土壤硝态氮的分布与累积特征. 中国农业科学,37:692-698.

刘铮. 1996. 中国土壤中的微量元素. 南京:江苏科学技术出版社.

王娟,雷咏雯,张永帅,等. 2008. 应用数字图像分析技术进行棉花氮素营养诊断的研究. 中国生态农业学报,16(1):145-149

席承藩. 1998. 中国土壤. 北京:中国农业出版社.

张福锁,等. 2008. 从理论到实践:养分资源管理的技术原理与创新//张福锁等. 协调作物高产与环境保护的养分资源综合管理技术研究与应用. 北京:中国农业大学出版社.

张树清,孙小凤. 2006. 甘肃农田土壤氮磷钾养分变化特征. 土壤通报,37:13-18.

张玉铭,胡春胜,毛利钊,等. 2011. 华北山前平原农田土壤肥力演变与养分管理对策. 中国生态农业学报,19(5):1143-1150.

赵荣芳,陈新平,崔振岭,等. 2006. 小麦-玉米轮作磷钾肥恒量监控技术//陈新平,张福锁. 小麦-玉米轮作体系养分资源综合管理理论与实践. 北京:中国农业大学出版社.

甄兰,崔振岭,陈新平,等. 2007. 25 年来种植业结构调整驱动的县域养分平衡状况的变化-以山东惠民县为例. 植物营养与肥料学报,13(2):213-222.

邹春琴,张福锁. 2009. 中国农业生产中的微量元素//邹春琴,张福锁. 中国土壤-作物中微量元素研究现状和展望. 北京:中国农业大学出版社.

Alloway B J. 2008. Micronutrients and crop production: An introduction. In: Alloway B. J. (Ed.). Micronutrient Deficiencies in Global Crop Production (Ed). Springer, Netherlands.

Andraski T W, Bundy L G, Brye K R. 2000. Crop management and corn nitrogen rate effects on nitrate leaching. Journal of Environmental Quality, 29: 1095-1103.

Baret F, Fourty T. 1997. Radiometric estimates of nitrogen status of leaves and canopies. In G. Lemaire ed. Diagnosis of the nitrogen status in crops. Springer-Verlag, Berlin. 201-228.

Bell R W, Dell B D. 2008. Micronutrients for Sustainable Food, Feed, Fibre and Bioenergy Production. International Fertilizer Industry Association (IFA), Paris, France.

Blackmer T M, Schepers J S. 1994. Use of a chlorophyll meter to monitor nitrogen status and schedule fertigation for corn. J. Prod. Agric., 8(1): 56-60.

Chen X, Zhang F, Cui Z, Li J, Ye Y, Yang Z. 2010. Critical grain and stover nitrogen concentrations at harvest for summer maize production in China. Agronomy Journal, 102: 289-295.

Cui Z, Zhang F, Chen X, Miao Y, Li J, Shi L, Xu J, Ye Y, Liu C, Yang Z, Zhang Q, Huang S, Bao D. 2008. On-farm evaluation of an in-season nitrogen management strategy based on soil Nmin test. Field Crops Research, 105: 48-55.

Cui Z, Zhang F, Chen X, Dou Z, Li J. 2010. In-season nitrogen management strategy for winter wheat: Maximizing yields, minimizing environmental impact in an over-fertilization context. Field Crops Research, 116: 140-146.

Cui Z, Zhang F, Dou Z, Miao Y, Sun Q, Chen X, Li J, Ye Y, Yang Z, Zhang Q, Liu C, Huang S. 2009. Regional evaluation of critical nitrogen concentrations in winter wheat production of the North China Plain. Agronomy Journal, 101: 159-166.

Engel R E, Long D S, Carlson G R. 2006. Grain protein as a post-harvest index of nitrogen status for winter wheat in the northern Great Plains. Canadian Journal of Plant Science, 86: 425-431.

Follet R H, Follett R F. 1992. Use of a chlorophyll meter to evaluate the nitrogen status of dryland winter wheat. Commun. Soil Sci. Plant Anal. , 23(7&8): 687-697.

Geralelson C M. 1990. Plant analysis as an aid in fertilizing vegetable crop. In: Welsh L. M. ed.. Soil testing and plant analysis. Soil Sci. Soc. Amer. , Madison, Wisconsin, USA, 365-379.

Greenwood D J. 1986. Predication of nitrogen fertilizer needs of arable crops. In: Advance in Plant Nutrition, 2: 1-61.

Guo J H, Liu X J, Zhang Y, Shen J L, Han W X, Zhang W F, Christie P, Goulding K W T, Vitousek P M, Zhang F S. 2010. Significant acidification in major Chinese croplands. Science, 327: 1008-1010.

Halvorson A D, Curtis A R. 1994. Nitrogen fertilizer requirements in annual dryland cropping system. Journal of Agronomy, 86: 315-318.

Havránková J. 2007. Effects of site-specific inputs on crop production efficiency. Ph. D. Thesis. Slovak University of Agriculture in Nitra.

Herrmann A, Taube F. 2005. Nitrogen concentration at maturity-An indicator of nitrogen status in forage maize. Agronomy Journal, 97: 201-210.

Hussain F, Bronson K F, Yadvinder-Singh, Bijay-Singh, Peng S. 2000. Use of chlorophyll meter sufficiency indices for nitrogen management of irrigated rice in Asia. Agronomy Journal, 92: 875-879.

Jia L, Buerkert A, Chen X, Roemheld V, Zhang F. 2004. Low-altitude aerial photography for optimum N fertilization of winter wheat on the North China Plain. Field Crops Research, 89: 389-395.

Justes E, Mary B, Meynard J M, Machet J M, Thelier-Huche L. 1994. Determination of a critical nitrogen dilution curve for winter wheat crops. Ann. Bot. (Lond.), 74: 397-407.

Lemaire G, Jeuffroy M, Gastal F. 2008. Diagnosis tool for plant and crop N status in vegetative stage: Theory and practices for crop N management. European Journal of Agronomy, 28: 614-624.

Li F, Miao Y, Zhang F, Cui Z, Li R, Chen X, Zhang H, Schroder J, Raun W R. 2009. In-season optical sensing improves nitrogen use efficiency for winter wheat. Soil Science Society of America Journal, 73: 1566-1574.

Li H, Huang G, Meng Q, Ma L, Yuan L, Wang F, Zhang W, Cui Z, Shen J, Chen X, Jiang R, Zhang F. 2011. Integrated soil and plant phosphorus management for crop and environment in China. A review. Plant and Soil, 349: 1-11.

Macy P. 1936. The quantitative mineral nutrient requirement of plants. Plant Physiology, 11: 749-764.

Magdoff F R. 1991. Understanding the Magdoff pre-sidedress nitrate for corn. Journal of Production Agriculture, 4(3): 297-305.

Magdoff F R, Ross D, Amadon J. 1984. A soil test for nitrogen availability to corn. Soil Science Society of America Journal, 48: 1301-1304.

Pierre W H, Dumenil L, Jolley V D, Webb J R, Shrader W D. 1977. Relationship between corn yield, expressed as a percentage of maximum, and N percentage in grain. 1. various N-rate experiments. Agronomy Journal, 69: 215-220.

Raun W R, Johnson G V. 1995. Soil-plant buffering of inorganic nitrogen in continuous winter wheat. Agronomy Journal, 87: 827-834.

Raun W R, Solie J B, Johnson G V, Stone M L, Mullen R W, Freeman K W, Thomason W E, Lukina E V. 2002. Improving nitrogen use efficiency in cereal grain production with optical sensing and variable rate application. Agronomy Journal, 94: 815-820.

Roth G W, Fox R H. 1989. Tissue test for predicting nitrogen fertilizer requirement of winter wheat. Agronomy Journal, 81: 502-507.

Sainz Rozas H, Calvino P A, Echeverria H E, Barbieri P A, Redolatti M. 2008. Contribution of anaerobically mineralized nitrogen to the reliability of planting or presidedress soil nitrogen test in maize. Agronomy Journal, 100: 1020-1025.

Scaife M A, Stevens K L. 1983. Monitoring sap nitrate in vegetable crops: concentration of test strips with electrode, and effects of time of day and leaf position. Commun. Soil Sci. Plant Anal. , 14(9): 761-771.

Selles F, Zentner R P. 2001. Grain protein as a post-harvest index of N sufficiency for hard red spring wheat in the semiarid prairies. Canadian Journal of Plant Science, 81: 631-636.

Shou L, Jia L, Cui Z, Chen X, Zhang F. 2007. Using high-resolution satellite imaging to evaluate nitrogen status of winter wheat. Journal of Plant Nutrition, 30: 1669-1680.

Wood C W, Reeves D W, Himelrick D G. 1993. Relationships between chlorophyll meter readings and leaf chlorophyll concentration, N status, and crop yield: A review. Proceedings Agron. Soc. , New Zealand, 23: 1-9.

Wright D L. 2003. Using Remote Sensing to Manage Grain Protein. http://www. gis. usu. edu/ArcWebpage/inside_table/2003Presentations/NASAReports

Yue S C，Meng Q F，Zhao R F，Li F，Chen X P，Zhang F S，Cui Z L. 2012. Critical nitrogen dilution curve for optimizing N management of winter wheat production in the North China Plain. Agronomy Journal，104：523-529.

Zhao R，Chen X，Zhang F，Zhang H，Schroder J，Mheld V R. 2006. Fertilization and nitrogen balance in a wheat-maize rotation system in North China. Agronomy Journal，98：938-945.

（岳善超、崔振岭、苗宇新）

第3章

主要化肥养分资源特征及其管理技术

3.1 化肥养分管理的重要意义和思路

3.1.1 加强化肥养分管理的重要意义

1840年德国化学家李比希(Liebig)提出了矿质营养学说,奠定了化肥生产和施用的理论基础。1842年,英国学者鲁茨(Lawes)用硫酸和骨粉制造出了过磷酸钙,开始了化肥的生产和施用。自从1908年德国科学家弗里茨·哈伯(Fritz Harber)和卡尔·波西(Karl Bosch)发明合成氨并实现工业化生产以来,化学氮肥在过去100年中对世界农业增产起到巨大推动作用、其贡献不可磨灭,全球40%以上人口依赖于化肥提供的粮食(Erisman et al.,2009)。哈伯和波西因其在合成氨工业化的开创性工作,分别获得诺贝尔化学奖。1901年氮肥从日本输入到我国台湾,开创了我国施用化肥的新纪元,在20世纪30年代建立本国的第一个氮肥厂,并于20世纪60年代起大规模引进国外成套合成氨设备,至20世纪90年代中期成为国际上生产和使用化肥最多的国家。

化肥在现代农业生产中起着至关重要的作用,也是保证全球粮食安全的重要物质基础。有资料显示,化肥在我国粮食增产的贡献率达到50%(戴景瑞,1998),成为我国粮食安全的重要保障。但是,随着近年来我国化肥(主要是氮肥和磷肥)产能的快速增加,化肥利用效率降低。张福锁等(2008)研究表明,目前每千克氮肥(纯养分,以下同)投入当年净增产的水稻、小麦、玉米已经分别从20世纪80年代的20 kg左右下降到21世纪初的10.4 kg、8.0 kg和9.8 kg;磷、钾肥的增产效率也呈现类似的下降趋势。如何进一步支撑粮食增产成为化肥管理的主要任务。

化肥在现代农业生产尤其是在保证粮食安全、养活全球新增人口方面起到至关重要的作用。但是如果化肥施用不当将不可避免地带来一系列的生态环境问题。目前,农业已成为温室气体的重要排放源,过量使用氮、磷肥所导致的土壤剖面中硝酸盐累积、耕层土壤有效磷富集以及与此相关的土壤酸化、水体污染和富营养化等报道日益增多,氮肥不合理使用导致氨挥发、氧化亚氮和氮氧化物等痕量气体排放引起的氮素沉降增加与酸雨危害等问题也已经成为影响我国农业和环境可持续发展的制约因素(Yan et al.,2003;Ju et al.,2009;Guo et al.,2010;环保部等,2010)。

　　化肥是资源消耗型产业,过量施肥会导致大量的资源浪费。2006 年我国氮肥生产综合能耗为 1 亿 t 标准煤,占全国能源消耗的 5% 左右,盲目施肥导致的化肥需求量不断增长给我国能源供应紧张形势进一步雪上加霜。我国用于磷肥生产的高品位磷矿储量约为 11 亿 t,磷肥生产每年消耗的磷矿超过 1 亿 t(资源量),以现有的消耗量和利用技术,富矿资源储量仅能利用到 2014 年;化肥,特别是磷肥生产能力的增强又导致了硫资源需求量的急剧增加,每年需要进口的硫磺数量超过了 1 000 万 t,占国际硫磺贸易量的 1/4 还多,进口量的逐年增加导致硫磺价格剧烈波动,国内磷肥价格也受到影响。我国钾资源不足,钾肥的大量施用带动了钾肥的大量进口,目前我国氯化钾进口量已经接近了 1 000 万 t,国际钾肥供应联盟从 2005 年开始不断提高钾肥价格,至 2011 年底氯化钾价格已经增长了 100%,继续增加钾肥用量将使我国粮食安全在很大程度上依赖于国外。目前,我国化肥用量不断增长与国内资源供应紧张的矛盾已经非常尖锐,只有通过优化施肥技术、减少化肥用量来缓解。

3.1.2　当前的化肥管理策略

　　由于化肥在资源、农业生产和环境保护中的重要性,国际社会已经将化肥管理列为 21 世纪的重大问题。欧美等发达国家为了保护环境,大幅度降低了化肥用量,其中德国在执行严格的环境保护条例时,化肥用量从 20 世纪 80 年代的 500 万 t 减少到了 2000 年的 300 万 t,粮食总产和单产不但没有下降,反而一直在增长(IFA)。荷兰、丹麦、美国、日本、法国、英国等国家也出现同样的现象。美国的化肥用量在 20 世纪 80 年代就已不再大幅增加,而作物产量却在持续增长,养分生产效率由最低点的 44 kg/kg 提高到 66 kg/kg,同时实现了作物高产与资源高效(图 3.1)。从 1976 年至今,美国的玉米氮肥用量一直保持在 130 kg/hm² 左右,而玉米产量却从 5.5 t/hm² 增长到 9 t/hm² 以上,其氮肥利用效率提高了 51% 而单产同

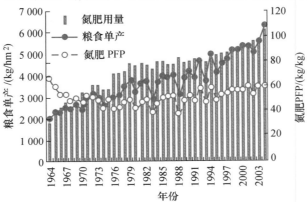

图 3.1　美国玉米单产、氮肥用量及氮肥生产力(根据 USDA 数据整理)

时提高了 62%。其关键原因是将肥料施用技术与育种(高产高效品种)、栽培措施、保护性耕作措施进行了集成,提高了养分利用效率。美国的经验证明,我国要同时实现作物增产、资源高效和环境友好的多重目标虽然难度很大,但还是有可能的。

化肥管理的总体策略是以作物养分需求为基础,在考虑土壤和其他养分供应能力的前提下,利用化肥弥补作物所需养分。在实际操作中,技术思路以 4R 为基础,通过掌握合适的数量(right amount)、合适的时间(right time)、合适的产品(right products)、合适的位置(right place),充分发挥化肥最大可能的提高养分利用效率,降低环境污染风险(图 3.2)。在 20 世纪 80 年代之前,实现化肥的充足供应是主要任务,因此仅关注化肥的养分含量多少和其增产作用。

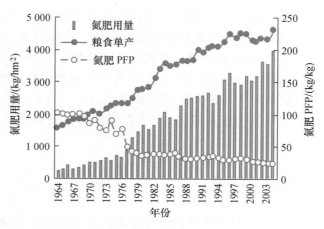

图 3.2　中国粮食单产、氮肥用量及氮肥生产力(根据国家统计数据整理)

随着环境问题的突出,化肥管理技术需要进一步精确化,在发挥其养分特性的同时,要考虑不同产品的养分释放周期、化学性状、物理形态等因素,以最大可能地提高利用效率和保护环境。同时,由于化肥的资源特性,不同的化肥产品在生产中的资源环境因素也应作为评价指标,尤其对于中国这种大量生产、大量施用的国家,选择合适的产品,通过优化工业结构保护资源环境,通过农田施用方法的优化促进农业生产、提高利用效率是未来一段时期的主要任务。在化学肥料中,氮肥和磷肥是关系资源环境和农业生产的重要肥种,因此我们结合国内外已有研究结果,整理了主要氮、磷肥产品在整个产业链的综合状况。

3.2　主要氮肥养分资源特征及其管理技术

3.2.1　主要氮肥产品及其发展

氮肥是农业生产中需要量最大的化肥品种,它对提高作物产量,改善农产品的品质有重要作用,但近些年氮肥带来的资源环境压力也引起了广泛的关注。了解氮肥的工业生产、商品性状及其施入土壤后的变化,从而采用合理的施用技术,对减少氮素损失及减轻氮肥对环境的危害、不断提高氮肥利用率,有着重要的现实意义。

19 世纪初期,欧洲由于人口的增长迫切需要大量氮肥,曾尝试利用多种矿物源氮素作为肥料,例如回收工业炼焦过程中的焦炉气(coke-oven gas,含 NH_3 0.7%~1.5%)制取硫酸铵(N 21%),将硝酸钠溶解、提纯、干燥形成硝石(N 15%~16%),用南美岛屿上的天然鸟粪(gnano,N 14%),但这些都是在消耗地球历史上通过生物固氮形成的有限资源,难以满足需要。因此,1895 年欧洲科学家开始借鉴自然界中闪电合成氮素思路,从大气中直接获取氮素,例如用电石法生产氰氨化钙(也称石灰氮,N 22%),以及用电弧法生产硝酸,但这些方法都存在能耗高、规模难以扩大的问题,20 世纪初期全球氮肥供应尚不足 100 万 t(EFMA,2004)。直到 1908 年 Haber-Bosch 合成氨工艺成功发明,并于 1913 年正式投产,全球氮肥生产才快速发展,并于 2009 年达到 1 亿 t 的水平(IFA,2012)。

合成氨的工业化生产为各种氮肥发展提供了充足的条件,尿素、硝酸铵钙、硝酸铵、硫酸铵、氯化铵、氮溶液等多种产品普及到全球大部分地区,在中国我们还发展了碳酸氢铵这一特有产品。氮肥有多种产品类型,也有多种分类方法。按照无机氮的形态可以分为四类:铵盐类,供应 NH_4^+,如碳酸氢铵、液氨、氯化铵、硫酸铵等;硝酸盐类,供应 NO_3^-,硝酸铵、硝酸铵钙、尿素硝铵溶液等都是含硝酸盐的氮肥;酰胺类,如尿素;氰氨类,如氰氨化钙(即石灰氮)。按照物理性状可以分为固体氮肥和液体氮肥。按照配合方式可以分为复合氮肥和单质氮肥。

不同国家根据资源状况、工艺技术、农业生产条件发展了不同的产品结构,如表 3.1 所示,20 世纪 80 年代以前,中国主要氮肥产品是硫酸铵和碳酸氢铵,而随着大型装置的引进,尿素所占比例越来越高,到 2009 年尿素占 66.7%。另外,中国以固体颗粒肥料为主,与德国等欧洲国家相似,而美国重点发展以氮溶液为主的液体氮肥。中国氮肥产品中硝态氮肥的比重已经下降到 0.3%,而美国和德国协同发展两种氮肥。中国氮肥更趋向于复合化,2009 年复合肥提供的氮素占 12.1%,而美国和德国正在减少复合肥中的氮。

表 3.1　近 30 年来中国、德国、美国氮肥产品结构演变

项目		中国		德国		美国	
		1980	2009	1980	2009	1980	2009
总用量/10^6 t		11.8	33.6	2.3	1.6	10.8	11.0
主要产品构成/%	氨水	0.0	0.0	0.6	0.0	40.3	28.2
	硝酸铵	6.0	0.0	0.0	0.0	8.5	2.0
	磷酸铵	0.7	7.1	0.0	0.0	5.9	4.9
	硫酸铵	2.1	1.1	7.6	4.0	1.5	2.3
	硝酸铵钙	0.0	0.2	55.6	45.4	0.0	0.0
	硝酸钾	0.0	0.0	0.0	0.1	0.0	0.0
	三元复合肥	1.1	4.7	13.8	3.1	16.5	8.2
	氮溶液	0.0	0.0	2.6	12.0	17.6	27.7
	其他氮肥	53.0	19.9	1.8	13.6	1.3	4.1
	硝酸磷肥	0.0	0.4	3.1	4.0	0.0	1.6
	尿素	37.1	66.7	14.9	17.8	8.5	21.0
氮素形态构成/%	硝态	3.0	0.3	30.0	27.7	8.5	8.5
	铵态	97.0	99.7	70.0	72.3	91.5	91.5

续表 3.1

项目		中国		德国		美国	
		1980	2009	1980	2009	1980	2009
物理性状构成/%	固体	100.0	100.0	96.8	88.0	42.1	44.1
	液体	0.0	0.0	3.2	12.0	57.9	55.9
配合方式构成/%	复合肥	1.8	12.1	16.9	7.2	22.3	14.7
	单质肥	98.2	87.9	83.1	92.9	77.7	85.3

注:①数据来源于世界肥料工业协会统计资源库(IFA,2012),作者重新归类整理。

②硝态氮肥:硝酸铵、硝酸铵钙、硝酸磷肥中有一半硝态氮,氮溶液中有 24% 是硝态氮,硝酸钾中全部为硝态氮。欧美的复合肥中也有一部分是硝态氮,但含量不详,未加统计。其余产品统计到铵态氮肥中,其中尿素是酰胺态,这里也按照铵态统计。

液体肥料包括氨水、氮溶液两种,其中氮溶液是由硝酸铵和尿素配合而成。

复合肥包括磷酸铵、硝酸钾、三元复合肥和硝酸磷肥 3 种。

其他氮肥重点包括氯化铵、碳酸氢铵(主要在中国施用)。

3.2.2 主要氮肥产品在工业生产中的资源环境特征

由于氮肥生产依赖于大量的化石能源,因此其生产过程中的能耗大小和温室气体排放量多少是决定其资源环境特征的关键指标。据估算,世界氮肥生产每年排放温室气体 2.7～5.5 亿 t CO_2-eq,即每千克氮肥生产中的温室气体排放量为 3.29～6.59 kg CO_2-eq,采用最佳技术可减少至 1.6 kg CO_2-eq(Bellarby et al.,2008;Kongshaug,1998)。而氮肥品种、企业规模和能源类型的不同使得氮肥生产的能耗和温室气体排放变异较大,需要进行具体的分析。

现代氮肥工业生产所用的原料主要是合成氨,在世界范围内,合成氨生产占到氮肥工业能源消费的 87%(IFA,2009a)。世界合成氨生产 67% 以天然气为原料(IFA,2009a),中国 76.2% 以煤炭为原料(氮肥工业协会,2010),而煤炭生产合成氨造成的 CO_2 排放量约为天然气的 2.4 倍(IFA,2009a)。以全球先进技术的对比为例,天然气为原料的生产能耗为 28 GJ/t NH_3,GHG 排放每吨氨为 1.6 t CO_2-eq,煤等其他原料的氮肥生产能耗每吨氨为 42 GJ,GHG 排放每吨氨为 3.8 t CO_2-eq(IFA,2009a)。我国合成氨生产平均能耗每吨氨为 50 GJ,GHG 排放每吨氨为 4.19 t CO_2-eq(贺盼,2010),节能减排空间较大。

3.2.2.1 铵态氮肥

碳酸氢铵简称碳铵,是我国小型氮肥厂的主要氮肥产品。新中国建设时期,以侯德榜为首席发明人的"碳化法制碳酸氢铵"新工艺对我国早起氮肥工业的发展起到了积极作用,在我国目前的氮肥生产中,仍占有重要地位,到 2010 年产量约占氮肥总产量的 11%。碳铵(N)生产能耗较低,为 0.8 GJ/t,耗氨 0.245 t/t,耗电 40 kWh/t(贺盼,2010)。工艺流程是用合成氨生产过程中的变换气通入浓氨水塔,吸收变换气中二氧化碳,成为碳酸氢铵结晶,经分离而得,这一过程中固定的 CO_2 每吨氨为 3.61 t。

硫酸铵简称硫铵,工业生产的基本反应为:$2NH_3 + H_2SO_4 \longrightarrow (NH_4)_2SO_4$。生产硫酸

所需的硫大多是从天然气或煤中回收的,因此没有额外的能源消耗,同时硫酸生产是一个放热的过程,目前最先进的工艺每吨硫酸可形成蒸汽热量 6.0 GJ,欧洲每吨硫酸平均也可形成 3.0 GJ(Kongshaug G,1998);中国硫磺生产每吨硫酸可外供能量 2.65~2.95 GJ(沙业汪,2006)。硫铵生产过程也是放热的过程,目前最先进的工艺每吨氮可供热 20.7 GJ,欧洲平均每吨氮也可供热 10.3 GJ。加上合成氨生产环节,则硫铵生产总能耗为每吨氮 13.9 GJ,CO_2 排放量每吨氮为 0.35 t(Kongshaug G,1998),而目前我国硫铵产量较少,多为炼焦等工业的副产品。

氯化铵简称氯铵,其主要来源是联合制碱工业的副产品,氯铵的产量随着我国联合制碱工业的发展不断增加,到 2010 年约占氮肥总量的 6%。氯铵生产能耗每吨氮为 1 GJ,耗氨 0.345 t/t,耗电 70 kWh/t(贺盼,2010),但在生产中并不会造成额外的温室气体排放。

3.2.2.2 硝态氮肥

生产硝态氮肥需要 HNO_3,硝酸生产的总反应式为:$NH_3 + 2O_2 \rightarrow HNO_3 + H_2O$,该反应也是放热过程,目前最先进的工艺每吨氮可供热 11 GJ,欧洲平均每吨氮可供热 7 GJ(Kongshaug G,1998)。但中间反应中 N_2O 排放是硝酸企业温室气体排放的主要来源,平均达到了每吨氮 8.05~10.73 t CO_2-eq,目前一些企业已经采取了分解 N_2O 的技术,可以减少 70%~95%的排放(IFA,2009b)。

硝酸铵简称硝铵,硝酸和氨中和反应是放热过程,生产能耗较小,欧美国家大部分先进企业每吨氮为 1.6 GJ,而最好的企业能源消耗量是 0(IFA,2009b),加上合成氨和硝酸生产环节,目前欧洲平均每吨氮能耗是 46.6 GJ,CO_2 排放量为 7.11 t;先进企业的能耗是每吨氮 30.5 GJ,CO_2 排放量为 3.03 t(Kongshaug G,1998)。但中国氮肥生产中忽略了铵态和硝态的配合,氮肥工业协会统计数据表明 2011 年硝态氮肥仅占 0.28%,而且我国硝酸铵生产企业大多是 20 世纪 50 年代引进的小型企业改造而成,受到尿素快速发展的冲击,发展缓慢,生产能耗每吨氮高达 7.7 GJ。

硝酸铵钙是一种含氮素和钙素的农用硝酸铵改性化学肥料,在储存和运输过程中不易发生火灾和引起爆炸,是一种比硝酸铵更为安全的硝态氮肥。目前在国外尤其是西欧已广泛使用,我国仍处于发展阶段。每吨硝酸铵钙生产中消耗氨(100%)0.162 t,硝酸(60%)0.999 t,碳酸钙 0.285 t,耗电 15 kWh,1.3 MPa 的蒸汽 0.15 t,0.3 MPa 的蒸汽 0.06 t(汪家铭,2007)。

3.2.2.3 酰胺态氮肥

尿素是一种化学合成的有机态氮肥,是目前使用最广泛的速效氮肥之一,2010 年中国尿素所占比重达到了 67.8%。目前世界尿素生产中每吨氮的平均能耗为 9 GJ,而最先进的工艺能耗每吨氮为 7.2 GJ,每吨尿素耗氨 0.567 t,而尿素生产过程中也会吸收 CO_2,则欧洲尿素全工业周期每吨氮的平均能耗为 54 GJ,CO_2 排放量为 1.73 t;先进企业的能耗每吨氮为 41.7 GJ,CO_2 排放量为 0.92 t(Kongshaug G,1998)。

3.2.2.4 氰氨态氮肥

氰氨化钙(石灰氮)是迄今为止唯一不需要用合成氨加工生产的化学氮肥,是电石的下游产品。在农业上除了作为氮肥使用外，还具有提高地温、杀虫、除草和改善土壤的酸性等作用。我国现有生产厂有 36 家，年产量达 27 万 t（鲁军，2001）。

3.2.2.5　氮溶液

尿素硝铵溶液是主要的液体氮肥品种，其生产工艺是将硝酸铵和尿素熔化后搅拌、冷却，额外耗能较少，每吨氮约为 0.7 GJ。加上尿素和硝铵生产环节，则尿素硝铵溶液的平均能耗每吨氮为 50.3 GJ，CO_2 排放量为每吨氮 4.88 t；最佳技术的能耗为每吨氮 36.1 GJ，CO_2 排放量为每吨氮 2.44 t（Kongshaug G，1998）。美国较早发展了尿素硝铵溶液，并通过管道运输以及液体储存罐，降低了产品造粒、包装、运输等环节的能耗和损失，但在中国一直没有生产和施用（表 3.2）。

表 3.2　不同氮肥产品生产中的资源环境代价

氮肥产品	每吨氮能耗/GJ		其他消耗	温室气体/(t CO_2-eq/tN)	
	世界平均	最佳技术		世界平均	最佳技术
合成氨	44.5	34.5	N_2+H_2	2.70	2.06
尿素	54.0	41.7	NH_3+CO_2	1.73	0.92
碳酸氢铵*	45.3	—	NH_3+CO_2	−0.91	—
氯化铵*	45.5	—	—	2.7	
硫酸铵	13.9	2.25	$NH_3+H_2SO_4$	0.35	0.11
硝酸铵	46.6	30.5	NH_3+HNO_3	7.11	3.03
硝酸铵钙	—	—	$NH_3NO_3+CaCO_3$	—	—
氰氨化钙（石灰氮）			CaC_2+N_2		
尿素硝铵溶液	50.3	36.1	AN+Urea	4.88	2.44

数据说明：根据 IFA（Kongshaug G，1998）和中国企业调研数据（* 贺盼，2010）整理。除碳酸氢铵和氯化铵外，均指全球平均水平；各种产品的能耗与温室气体排放核算均包括从合成氨生产开始的所有工业生产环节。

3.2.3　主要氮肥产品的应用特性和管理技术

3.2.3.1　化肥氮在土壤中的转化

1. 铵在土壤中的吸附与固定

铵态氮肥或尿素施入土壤后，通过不同途径产生 NH_4^+，由于大部分土壤带负电荷，因此 NH_4^+ 以静电引力被土壤胶体吸附，并发生阳离子交换吸附反应，交换态 NH_4^+ 是作物的重要氮源。

NH_4^+ 在土壤中还可以非交换方式被 2：1 型黏土矿物固定。不同土壤中黏土矿物的组成不同，其固定铵的能力也有较大差异，其中蛭石的固铵能力最强。土壤固铵能力随土壤 pH 的升高而增大。钾离子和有机质的存在能抑制铵的固定。

2. 硝化-反硝化作用

硝化作用是土壤中的铵在微生物的作用下氧化为硝酸盐的作用,氧化过程分两步进行:

(1)铵在亚硝化细菌的作用下,氧化为亚硝酸,反应式为:$2NH_4^+ + 3O_2 \rightarrow 2NO_2^- + 2H_2O + 4H^+$;

(2)亚硝酸被硝化细菌氧化为硝酸,反应式为:$2NO_2^- + O_2 \rightarrow 2NO_3^-$。

硝化作用是在好气条件下进行的,产生的 NO_3^- 是作物的主要氮源之一,但它不能为土壤胶体吸附,过多的硝态氮易随降水或灌溉水流失,造成水体污染,并带来间接温室气体排放。土壤温度和 pH 是影响硝化作用的重要因素,土壤硝化率与土壤 pH 呈极显著的正相关,此外,有机肥也可促进土壤硝化作用。

反硝化作用是硝态氮还原的一种途径,即 NO_3^- 在嫌气条件下还原为气态氮(N_2 或 N_2O)的过程,其反应过程为:$NO_3^- \rightarrow NO_2^- \rightarrow NO \rightarrow N_2O \rightarrow N_2$。

土壤中反硝化作用的强弱,主要取决于土壤通气状况、pH、温度和有机质含量,其中尤以通气性的影响最为明显。淹水土壤、通透性差或排水不畅的土壤易发生反硝化作用。

此外,硝化-反硝化作用的中间产物 NO_2^- 累积则可能自行分解,与有机成分、NH_3 或尿素反应,产生 N_2 或 NO,N_2O 以气态形式向大气逸散,其中 N_2O 是农田排放的主要温室气体之一。

3. 铵-氨平衡和氨挥发

随化肥氮施入的 NH_4^+ 在土壤中可形成分子态氨(NH_3)而挥发,在石灰性土壤中氨的挥发比非石灰性土壤更为严重。

在非石灰性土壤上,各种铵态氮肥和尿素施入湿润土壤后,在土壤溶液中形成铵-氨平衡反应,这一平衡直接制约着氨挥发损失,平衡式如下:

$$NH_4^+ \longleftrightarrow NH_3(水) + H^+$$

该反应的平衡点取决于土壤溶液的 pH 和温度,当溶液中 NH_3 的浓度加大时,就导致 NH_3 分子向大气逸散。

在有利于氨挥发的土壤和气象条件下,氨挥发是氮素损失的一个重要机制。

3.2.3.2 主要氮肥产品的农学性状和管理技术

1. 铵态氮肥

铵态氮肥中的氮素以 NH_4^+ 或 NH_3 形态存在,其伴随离子为 PO_3^-、SO_4^{2-} 或者 CO_3^-,栽培在盐水环境中的水稻或水生植物以吸收铵态氮为主,南方酸性土壤尤其是 pH<5.0 的土壤硝化作用很弱,铵态氮是这类土壤的优势氮源。土壤能保持和储存铵态氮,连年使用的铵态氮较多集中在上层土壤并使上下层土壤中含量差异较大;被土壤吸附或固持的铵,可被作物根系接触交换而直接吸收,也可被其他阳离子置换进入土壤溶液后被作物吸收。但过量施用铵态氮容易导致作物产生氨中毒,且易导致氨挥发增加,土壤 pH 降低等环境影响(Guo et al.,2010)。

液氨含氮82%,与等氮量的其他氮肥相比有成本低、节约能源、便于管道运输等优点,但由于液氨必须注施在 15 cm 深处,且具有高腐蚀性,对施肥机械要求高,液氨的施用仅适合大型农场作业,因此我国自1998年后因终止了液氨的直接施用。

47

碳酸氢铵含氮 17%,是化学性质不稳定的白色晶体,易吸湿分解,易挥发。影响碳酸氢铵分解的主要因素是温度和湿度,干燥的碳酸氢铵在常温(20℃)下比较稳定,随着温度升高和湿度加大分解增快,而结块本身就是一种缓慢分解的表现。因此,在贮存和施用过程中应防潮、低温、密闭,防止碳酸氢铵的挥发损失。碳铵可做基肥和追肥,不能做种肥。国际上总结的结果表明碳酸氢铵的氨挥发率为 15%(Bouwman et al.,2002a;FAO and IFA,2001),N_2O 排放率为 1.2%(Bouwman et al.,2002b);国内学者根据全国监测数据的估算结果表明,碳酸氢铵在旱地施用的氨挥发率为 10%,在水田施用的氨挥发率为 20%(Zhang et al,2011)。为减少碳铵的氨挥发,坚持深施并立即覆土是碳铵的合理施用原则,施用深度以 6~10 cm 为宜。

硫酸铵含氮 21%,俗称肥田粉,是我国生产和使用最早的氮肥品种。纯净的硫酸铵为白色晶体,含少量杂质时呈微黄色,易溶于水,吸湿性小,常温下存放无挥发,不分解。硫铵属生理酸性肥料,应配合施用石灰以中和土壤酸性,并补充钙的损失,但石灰与硫铵应分开施用,同时必须深施覆土以减少氨挥发。硫铵可做基肥、追肥和种肥,适用于各种作物。欧洲学者的研究表明硫铵的氨挥发率为 16%(Bouwman et al.,2002a),N_2O 排放率为 1.0%(Bouwman et al.,2002b),与 FAO and IFA(2001)的结果相近(硫铵氨挥发率 18.7%,N_2O 排放率 0.8%)。而国内的统计结果表明施用硫铵的氨挥发率为 6.45%(Zhang et al,2011),低于世界平均水平。

氯化铵含氮 24%~25%,纯净的氯化铵是白色晶体,含杂质时呈黄色,吸湿性小,不结块,物理性状较好,易溶于水。不宜用于盐碱地,以免增加氯离子,对作物产生危害;酸性土壤连续施用氯化铵,必须配合适量石灰或有机肥料施用,以中和土壤酸性。可做基肥和追肥,不宜做种肥;忌氯作物如甘薯、马铃薯、甜菜、甘蔗、亚麻、烟草、葡萄、柑橘、茶树等不宜施用。对于氯化铵在大田施用中的气态损失和淋洗损失的研究较少,室内培养的结果表明表施氯化铵 10 d 内的氨挥发损失率为 1.5%~3.5%(刘康,1988)。FAO and IFA(2001)总结的结果显示氯化铵的 N_2O 排放率仅为 1.2%。

2. 硝态氮肥

硝酸铵含氮 33%~35%,为白色结晶,吸湿性强,易结块,对热的稳定性差,易发生热分解和爆炸。硝铵是无副成分的氮肥,在土壤溶液中电离为 NH_4^+ 和 NO_3^-,均能为作物吸收,但需注意避免或减少硝酸根淋洗。硝铵适用于各类土壤和各种旱作,但不宜用于稻田。宜做追肥,一般不做基肥,且不能做种肥。全球已发表的试验数据表明硝铵的氨挥发率为 6%(Bouwman et al.,2002a),与 FAO 和 IFA(2001)的总结结果(8.1%)相差不大;Bouwman 等(2002b)认为硝铵的 N_2O 排放率为 0.8%,而 FAO and IFA(2001)的总结结果认为其 N_2O 排放率较高,为 1.7%。国内研究结果显示硝铵的氨挥发率为 2.15%,低于铵态氮肥和尿素,因此在中国适当提高硝态氮肥施用比例有利于提高氮素利用率。

硝酸铵钙含氮 20%~25%,主要成分为硝酸铵、碳酸铵和碳酸钙,为灰白或浅褐色颗粒,相当于一种改性硝铵,弥补了硝铵吸湿性强、易分解、结块等不足。全球已发表的试验数据表明硝酸铵钙的氨挥发率为 3%(Bouwman et al.,2002a),N_2O 排放率为 0.7%(Bouwman et al.,2002b)。FAO and IFA(2001)总结出硝酸铵钙的氨挥发率为 2.2%,N_2O 排放率为 1.2%。目前中国硝酸铵钙用量较小,对其环境损失的研究也较少。

3. 酰胺态氮肥

尿素含氮46%，为白色晶体或颗粒，易溶于水，在干燥条件下物理性状良好，常温下基本不分解，储运过程中应注意防潮。尿素是中性肥料，适宜于各种土壤和作物，可做基肥与追肥，施用时应适当深施或施用后立即灌水以减少氨挥发，尿素也适宜做根外追肥，但不宜做种肥。全球已发表的试验数据表明尿素的氨挥发率为21%（Bouwman et al.，2002a；FAO and IFA，2001），N_2O 排放率为1.1%（Bouwman et al.，2002b；FAO and IFA，2001）；国内学者估算的结果表明中国尿素的氨挥发率为14.25%（Zhang et al，2011）。

4. 氰氨态氮肥

氰氨化钙（石灰氮）含氮22%，纯品是无色晶体，工业品因常呈深灰色或黑灰色粉末或颗粒。石灰氮在土壤中水解后生成尿素，但一些中间产物对植物是有毒的，因此应在播种前2~3周施用石灰氮（G·W·库克，1978）。石灰氮在农业上除了作为氮肥使用外，还具有提高地温、杀虫、除草和改善土壤酸性等作用，在补充植物特别是喜钙植物的钙素方面，石灰氮有着显著的作用（鲁军，2001），但由于石灰氮与尿素相比有污染大、价格高等弱点，制约了它的施用，针对石灰氮在农田施用过程中造成环境损失的研究也很少。

5. 氮溶液

尿素硝铵溶液因尿素、硝铵和水的配比不同而有含氮量为28%、30%和32%等品种，包含铵态、硝态、酰胺态3种形态的氮素，可注施或喷施，但注施需要大马力拖拉机和专用的施肥器，我国目前仍没有生产和使用尿素硝铵溶液，也没有配套的储运装置（表3.3）。在施用效果方面，苗期大麦注施尿素溶液与施用固体氮肥所得产量同样高或更高一些；喷施时与固体氮肥撒施的效果类似，尿素氨挥发损失较多，肥效较低，喷施也可能会灼伤成活的作物（G·W·库克，1978）。全球已发表的试验数据表明尿素硝铵溶液的氨挥发率为5%（Bouwman et al.，2002a），N_2O 排放率为1.0%（Bouwman et al.，2002b；FAO and IFA，2001）。

3.2.4 氮肥产品改性和升级技术

3.2.4.1 添加硝化抑制剂

硝化抑制剂可以通过抑制硝化细菌的活性来抑制土壤中的硝化反应，使氮能够较长时间以 NH_4^+ 的形式保存在土壤中或被作物直接吸收，以达到降低 NO_3^- 淋洗和 N_2O 排放的目的。可作为硝化抑制剂的产品主要由双氰胺（DCD）、DMPP、Nitrapyrin 和蜡包衣电石等（Chien et al.，2009）。

黄国宏等（1998）施用添加 DCD 的长效碳酸氢铵，N_2O 排放率从1.66%降至0.43%；Akiyama 等（2010）总结的结果表明硝化抑制剂可以平均减少农田 N_2O 排放38%（31%~44%）；国内外均有研究表明硝化抑制剂可以显著降低硝酸盐淋洗（Li et al.，2009；Sprosen et al.，2010）。但是硝化抑制剂不能减少氨挥发，在碱性土壤上甚至会导致氨挥发增加，也有试验表明配施高 C/N 的生物秸秆可以减少氨挥发（俞巧钢，2009）。

中国北方旱地降雨较少且主要集中在夏季，以华北平原冬小麦-夏玉米轮作体系为例，在

表 3.3　不同氮肥产品的性质、适宜性与损失途径

单位：%

氮肥产品	氮含量	氮形态	适宜性	NH₃ 挥发损失率			N₂O 排放率	
				Bouwman 等 2002a	FAO 和 IFA 2001	Zhang 等 2011	Bouwman 等 2002b	FAO 和 IFA 2001
液氨	82	氨		2	0.1	/	0.9	2.0
尿素	46	酰胺态氮	可做基肥与追肥，适宜根外追肥，不宜做种肥	21	21.0	14.25	1.1	1.1
碳酸氢铵	17	铵态氮	可做基肥和追肥，不宜做种肥	15	15.2	10（旱地）20（水田）	1.2	/
硫酸铵	21	铵态氮	可做基肥、追肥和种肥	16	18.7	6.45	1.0	0.8
氯化铵	24～25	铵态氮	可做基肥和追肥，不宜做种肥。忌氯作物不宜施用	/	/	/	/	0.1
硝酸铵	33～35	铵态氮、硝态氮（各占50%）	宜做追肥，不宜做基肥，不宜在稻田施用	6	8.1	2.15	0.8	1.7
硝酸铵钙	20～25	铵态氮、硝态氮（各占50%）	宜做追肥，不宜做基肥，不能做种肥，不宜在稻田施用	3	2.2	/	0.7	1.2
氰氨化钙（石灰氮）	22	氰氨态氮	应在作物播种前 14～21 d 混和到土壤中	/	/	/	/	/
尿素硝铵溶液	28～32	酰胺态氮，铵态氮，硝态氮	可注施或喷施，可做追肥，不宜做基肥，不能做种肥	5	12.4	/	1.0	1.0

夏玉米生长季施用硝化抑制剂可以减少硝酸盐淋洗、提高氮肥利用率,从而降低环境风险,但冬小麦生长季的 N_2O 排放量和硝酸盐淋洗量均较小,施用硝化抑制剂的作用不大,反而会增加成本。而在南方稻麦轮作体系,淋洗和径流损失均较低,在 N_2O 排放方面,也仅在小麦季的排放率较高,施用硝化抑制剂的意义更多在于减少温室气体排放,而对于提高氮肥利用率的作用较小。

3.2.4.2　添加脲酶抑制剂

脲酶抑制剂的作用是通过竞争脲酶结合位点以抑制尿素水解为 NH_4^+ 的过程,从而降低 NH_3 挥发潜力。多种物质可以抑制脲酶活性,包括 Ag、Hg、Cd、Cu、Mn、Ni、Zn、硼酸、对苯二酚和苯醌等;1976 年,德国研究人员注册了 PPDA;后来发现的 NBTPT、CHPT 等能更加有效地减少氨挥发;到 2008 年,有人指出已发现 8 种新的脲酶抑制剂产品,均比 PPDA 更有效(Chien et al. ,2009)。市场上常见的是 NBPT(Agrotain),适用于尿素、尿素硝铵溶液及粪肥。

NBPT 施入土壤后的有效作用时间为 2～8 d,与土壤湿度和温度条件相关(Chien et al. ,2009)。在巴西玉米、牧草等作物种植中施用 NBPT,可减少氨挥发 29%～89%,平均为 60%(Chien et al. ,2009)。但脲酶抑制剂并不能抑制硝化反应,Akiyama 等(2010)总结的结果表明脲酶抑制剂对减少农田 N_2O 排放的效果一般,减排率为 10%(-4%～35%)。

中国在大多数作物体系中追施尿素的比重较大,而施用尿素带来的氨挥发量也较大,因此添加脲酶抑制剂将是减少氮素损失、提高氮肥利用率的有效途径之一,特别是在目前南方水稻种植中较难实现追肥深施的情况下,脲酶抑制剂具有较广阔的应用前景。

3.2.4.3　包膜肥料

包膜肥料是通过硫或树脂材料将肥料包裹,减缓养分释放速度的一类肥料。合理使用包膜肥可减少施肥次数,节省劳动力;一次大量施用也不易对种子、幼苗或根系造成伤害;能够降低环境风险,包括降低硝酸盐淋洗,降低径流中铵的浓度及氨挥发量,减少 N_2O 排放等(Trenkel,2010)。Akiyama 等(2010)总结的结果表明树脂包衣尿素可显著减少农田 N_2O 排放,减排率为 35%(14%～58%)。国内外也有一些研究表明在小麦、玉米等作物上施用包膜肥料均可以提高产量(Jiang et al. ,2010;Nelson et al. ,2009)。

目前市场上的包膜肥料价格较高,美国 Scotts 公司产销的多种包膜肥料每吨价格均超过1 000美元。为了合理控制施肥成本,避免包膜肥前期养分释放过慢而影响产量,在施用时常常依据情况将包膜肥料和普通肥料配施,以包膜肥占 30% 左右为宜。在中国长江中下游等地区,适当推广包膜肥可缓解农业劳动力短缺,并减少氮素损失。

3.2.4.4　大颗粒尿素

2001 年我国发布的尿素产品标准(GB 2440—2001)中,对于粒径合格范围的规定共有 4 种,分别为:0.85～2.80 mm、1.15～3.35 mm、2.00～4.75 mm、4.00～8.00 mm,目前消费者常见的小粒尿素粒径约为 1.5 mm,大粒尿素的粒径一般为 2.00～4.75 mm,此外还有 7 mm 以上的尿素丸。

大颗粒尿素与常规小颗粒尿素相比,有以下几个特点:①粉尘含量低,抗压强度较高,流动性好,可散装运输,不易破碎和结块,适合于机械化施肥。②比表面较小,加上单粒重较大,在水田中施用可沉入较深的土下,减少挥发损失。③一般大颗粒尿素产品中的缩二脲含量降低,这对作物有利。④国际上关于大颗粒尿素在防治农业面源污染方面的作用,已开展了一些研究并有报道,例如,2006 年德国发表的资料证明,随着尿素粒径增加,氨挥发损失显著降低,硝化作用和 N_2O 的排放延迟,NO_x 的释放也有所降低(Khalil,2006)。同时也有国际研究认为,与普通尿素相比,水稻上施用大粒尿素可能会增加硝酸盐淋洗的风险(Rao,1980)。同时需要注意的是,大颗粒尿素具有释放速率慢于小颗粒的特点,适合作基肥,不宜作追肥,更不该融化作水浇肥。

目前中国在各方面对大颗粒尿素的认知度还不够全面和深刻,因此大颗粒尿素的直接施用并不多,需要发展适合大颗粒尿素的施肥机械,并继续重视将大颗粒尿素作为依据测土配方施肥结果而生产的掺混 BB 肥料、专用配方肥料和部分缓释的掺混肥料。

3.3 主要磷肥养分资源特征及其管理技术

世界上磷肥最早来自于鸟粪,1842 年,英国学者鲁茨(Lawes)用硫酸和骨粉制造出了过磷酸钙,开始了化肥的生产和施用。磷肥生产历史要早于氮肥,经过 100 多年的发展,磷肥产品已经逐步丰富,根据生产工艺可划分为过磷酸钙、磷酸一铵、磷酸二铵、钙镁磷肥、重过磷酸钙、钢渣磷肥、磷酸二氢钾、磷矿粉、硝酸磷肥等。磷肥依赖于磷矿资源,不同磷肥产品需要用不同的磷矿,随着磷矿资源的日渐短缺,磷肥产品的资源特性越来越重要。而且不同磷肥产品不仅养分含量不同、化学性状不同、陪伴离子不同,最终在农田中的效果也不同,为了高效利用资源,应该根据不同的土壤、作物条件选择合适的产品(表 3.4)。

表 3.4 近 30 年来中国、德国、美国磷肥产品结构演变

磷肥产品		中国		德国		美国	
		1980	2009	1980	2009	1980	2009
P_2O_5 总用量/(10^6 t)		260.7	1 438.0	89.0	1.5	743.1	525.7
主要产品构成/%	磷酸铵	0	60.1	0	0	73.4	100.0
	过磷酸钙	63.1	22.6	24.5	20.0	4.4	0
	重过磷酸钙	0	4.4	0	0	20.9	0
	直接生产复合肥	1.8	9.5	52.6	66.7	0.0	0
	其他单质肥	35.1	3.5	22.9	13.3	1.3	0

注:①数据来源于世界肥料工业协会统计资源库(IFA,2012),作者重新归类整理。
②直接生产复合肥指磷矿直接用来生产复合肥,包括 NPK、NP 和 PK 复合肥。
③其他单质肥包括磷矿直接施用、钙镁磷肥等单质磷肥。

3.3.1 主要磷肥产品生产中的资源环境特征

磷肥生产中依赖于磷、硫资源,而且生产中会产生磷石膏等环境污染因子,生产中采用

不同的工艺,最终对产品物理化学性状及陪伴离子产生影响,因此综合考虑上述资源环境特征,是磷肥工业发展的重要决策指标。

过磷酸钙:过磷酸钙是最早的工业化化肥产品,由硫酸分解磷矿,使磷矿中的难溶性磷转化为水溶性磷和少量枸溶性磷,有效 P_2O_5 含量 12%~18%,是一种酸性肥料。磷矿五氧化二磷含量达到 22% 就可以用来生产过磷酸钙,比较适合于保护磷矿资源。过磷酸钙生产过程简单,生产过程中没有过滤生产环节,不产生污染物,硫酸中的硫元素(过磷酸钙含硫约13%)和磷矿中的钙、镁、铁、硅等元素都进入到过磷酸钙中,这些元素随过磷酸钙施用土壤中可以被植物利用,是综合效益较高的一种磷肥产品。但由于过磷酸钙中磷养分含量低,单位养分的产品包装、储存、运输和施肥等费用相对较高。

磷酸铵:磷酸铵是高品位磷矿经过过量硫酸分解后,将钙、镁、硅等元素及不溶物过滤,然后通氨中和磷酸制成。磷酸铵类磷肥是二元复合肥料,主要指磷酸一铵和磷酸二铵。国家标准(GB 1025—2009)中规定的磷酸一铵的纯氮含量 9%~11%,五氧化二磷含量 41%~51%,磷酸二铵的纯氮含量 13%~17%,五氧化二磷含量 38%~45%。

磷酸铵的生产需要高品位磷矿,磷矿 P_2O_5 含量在 28% 以上(其中磷酸二铵要求 32% 以上)。我国高品位磷矿储量少,一般都要经过选矿。在选矿过程中会产生尾矿,尾矿中不仅含有大量未利用的磷元素,造成资源浪费,同时尾矿颗粒细小,呈泥浆状,如果不排入尾矿库或者妥善处理,对环境的危害非常大。如不选矿,磷矿利用率更低,资源浪费和环境污染更加严重(谭明和魏明安,2010)。磷酸铵的生产后期,还要过滤去除硫酸钙、硫酸镁及磷矿中含有的酸不溶物,通称磷石膏,每吨 P_2O_5 产生 4.5~5 t 磷石膏(杨兆娟,向兰 2007;叶学东,2008)。可见磷酸氨的生产过程中相对于其他磷肥产品来说资源环境代价较高。由于 P_2O_5 含量高,磷酸铵产品单位养分的包装、储存、运输和施肥等费用相对较低。

重过磷酸钙:重过磷酸钙是由磷酸分解磷矿制成,是一种高浓度酸性磷肥。重过磷酸钙中 P_2O_5 含量 45%~48%,其中 P_2O_5 约有 70% 来自磷酸,30% 来自于磷矿。重过磷酸钙生产所需的磷矿 P_2O_5 含量约 26%。重过磷酸钙生产过程中产生磷石膏,生产每吨 P_2O_5 产生2~3.5 t 磷石膏。生产过程中磷酸分解磷矿后不经过过滤提纯,重过磷酸钙中含有 Ca、Mg、Si 等中微量元素。重过磷酸钙生产磷矿品位较高,磷酸生产环节中产生磷石膏等污染物,其资源环境代价较高,但比磷酸铵低。由于重过磷酸钙中 P_2O_5 含量高,单位养分的包装、储存、运输和施肥等费用相对较低。

硝酸磷肥:用硝酸(硝酸硫酸/磷酸混合物)分解磷矿加工制得的氮磷复合肥料。在其生产过程中加入钾肥(一般为氯化钾或硫酸钾),即成为三元复混肥料。磷矿要求 P_2O_5 含量在32% 左右,MgO 含量小于 2.5%,酸不溶物要求小于 10%,所以硝酸磷肥生产用的磷矿都是经过选矿。硝酸磷肥生产工艺流程长,能耗高,设备要求也高。但是,硝酸磷肥生产过程中 HF 排放量少,同时不产生磷石膏等,对环境的污染小(吴德桥等,2009)。磷矿在选矿过程中去除镁等杂质,在硝酸磷肥的生产阶段大部分钙以 $CaCO_3$ 的形式去除,所以,硝酸磷肥生产过程中,磷矿资源的综合利用程度较低。

钙镁磷肥:钙镁磷肥又称熔融钙镁磷肥,是由含镁硅磷矿石(或者是磷矿石与镁硅矿石)在高温下(1 400℃左右)熔融,熔融体经过水淬急冷,形成一种玻璃态物质。生产钙镁磷肥的磷矿品位要求低,P_2O_5 含量在 16% 以上的磷矿就可以利用。其次,钙镁磷肥生产对磷矿中镁含量没有限制,反而是越高越好。钙镁磷肥生产耗能较高,生产每吨 P_2O_5 消耗标准煤 1 140 kg(许秀成,2011)。钙镁磷肥与过磷酸钙一样,后续工艺不除杂质,矿石中的含有 Ca、Mg、Si 等多种中微量元素都进入钙镁磷肥中,但钙镁磷肥不含硫。所以,钙镁磷肥资源综合利用程度较高。钙镁磷肥 P_2O_5 含量在 $12\%\sim18\%$,养分含量低,单位养分的包装、储存、运输和施肥等费用相对较高。

磷矿粉肥:磷矿粉肥是把磷矿石磨成细粉后直接用来做肥料施用的一种磷肥,一般呈灰色或黄褐色,无臭无味,没有腐蚀性。用做磷矿粉肥的磷矿一般要选取酸敏感较高的磷矿,同时磷矿中的速效磷成分越高越好。磷矿粉肥加工简单,直接可以利用中低品位磷矿,同时磷矿中含有的 Ca、Mg、Si 等中微量元素可进入土壤而被利用。所以磷矿粉肥磷矿品位要求低,资源综合利用程度高,生产过程中不排放污染物,生产过程环保。磷矿粉肥一般全磷(P_2O_5)含量一般为 $10\%\sim25\%$,枸溶性磷 $1\%\sim5\%$,磷含量较低,单位养分的包装、储存、运输和施肥等费用相对较高。

磷肥产品种类众多,除以上提到的磷肥种类,还有炼钢工业的副产品钢渣磷肥,沉淀磷酸钙、脱氟磷肥、钙钠磷肥、骨粉。这些磷肥产量少,并且有些已经不用,所以在此不做叙述(表 3.5)。

表 3.5　不同磷肥产品特性　　　　　　　　　　　　　　　　　　　　　%

种类	全磷含量	水溶磷含量比例	枸溶性磷含量比例	难溶性磷矿含量比例	其他养分含量(N,S,Mg,Si,Ca)	pH	适宜性
过磷酸钙	12~18	85	15	—	S13,Ca16 Fe3.4,Mg4.9 Zn 0.6(1)	5	适合各种土壤,有改良土壤的作用,可用做基肥
磷酸一铵	11~13	100	0	—	—	5	适用于各种作物和土壤,特别适用于喜铵需磷的作物,作基肥
磷酸二铵	46~53	100	0	—	—	8	或追肥均可,宜深施,适于干旱少雨地区
重过磷酸钙	44~53			—	Ca14(2)	4	适合各种土壤,有改良土壤的作用,可用做基肥
硝酸磷肥	14~29	70	30	—	Ca8.6(3)	6.5	适合各种土壤,有改良土壤的作用,可用做基肥
钙镁磷肥	14~12	15	85		Ca17.8~22.8 Mg 3 Si 18.6	8.5	适合酸性土壤,宜采用条施
磷矿粉	—	—	10	90	Ca31~35	8	适合酸性土壤,宜采用条施

数据来源:(1)刘大滨,1995;(2)G·W·库克,高产施肥;(3)宁德旭,硝酸磷肥中有效钙的提取与测定。

3.3.2 主要磷肥产品的农学性状和管理技术

过磷酸钙:通常为深灰色或灰白色疏松状,也可加工造成颗粒。其主要组分是磷酸二氢钙的水合物 $Ca(H_2PO_4)_2 \cdot H_2O$ 和少量游离的磷酸,还含有无水硫酸钙组分(对缺硫土壤有用)。过磷酸钙有效五氧化二磷含量 12%～18%,一般水溶性磷占 85%,枸溶性磷占 15%。除了供给植物营养的磷素外,过磷酸钙还含硫约 13%,其次含钙、镁、铁、硅等中微量元素(刘大滨,1995)。过磷酸钙适合各种土壤,在湖北酸性土壤和关中褐土上都表现出良好的增产效果(喻永熹,1961;中国科学院西北生物土壤研究所,1959)。同时,过磷酸钙应在春天生长前施用。过磷酸钙可以做基肥、种肥和追肥,均应适当集中施用和深施。旱作采用条施和穴施,水田可采用植株附近施用。过磷酸钙在强酸性土壤上施用时,应该配合石灰施用,但石灰与过磷酸钙不能直接混用。过磷酸钙还可以作为根外追肥,将其浸泡于 10 倍水中,充分搅拌后稀释,喷施浓度在 1%～3% 为宜(表 3.6)。

表 3.6　太化集团磷肥厂过磷酸钙产品的全分析　　　　　　　　　　mg/kg

名　称	含　量	名　称	含　量
钼	5.73	锌	655.9
铜	1 519.35	锰	203.0
硒	40.6	P_2O_5	15.68%
钾	1 409.0	钙	16.38%
镁	4 907.2		

引自:刘大滨,1995。

磷酸一铵:白色结晶粉末,可以在生产过程中造成颗粒状或者与氮、钾肥料生产成复合(混)肥,性质稳定,不吸潮。磷酸一铵是一种高浓度磷肥,还含有 N,是一种氮磷复合肥。磷酸一铵中氮是铵态氮,所以适合使用在喜铵的作物上。其主要成分是 $NH_4H_2PO_4$,P_2O_5 含量 48%～55%,且都是水溶性磷。pH 约为 5,是一种微酸性肥料,不能与碱性肥料直接混合施用。磷酸一铵适合施用在各类土壤上,在碱性土壤上的效果较好。在酸性土壤上与石灰配施时,施用石灰几天后再施用磷酸一铵。磷酸一铵适合各种作物,可以做基肥、种肥、追肥,也可以作为根外追肥用。碱性土壤上,养分试验对比显示,小麦上施用等量 P_2O_5 时,磷酸一铵增产最为明显(吴鲁智等,1999)(图 3.3)。但是在施用有机肥的情况下,磷酸一铵、磷酸二铵和过磷酸钙相比,效果不明显(秦志前等,1999)(表 3.7)。

磷酸二铵:外观呈灰色或暗褐色,市场上一般是颗粒状,同样可以造成加 N、K 肥造成复合(混)肥。其主要成分是 $(NH_4)_2HPO_4$,其中 P_2O_5 含量 46%～53%,并且都是水溶性磷,水溶性是弱碱性,pH 约 8.0,有一定的吸湿性,在潮湿空气中易分解,挥发出氨变成磷酸一铵。磷酸二铵是一种高浓度的速效肥料,适用于各种作物和土壤,特别适用于喜铵需磷的作物,作基肥或追肥均可,作追肥时不能与种植直接接触,作基肥时也不能离作物太近。碱性土壤上,小麦和玉米轮作体系施用磷酸二铵和过磷酸钙比不施肥表现出明显的增产效果,但它们之间肥效没有显出差异(表 3.8)。

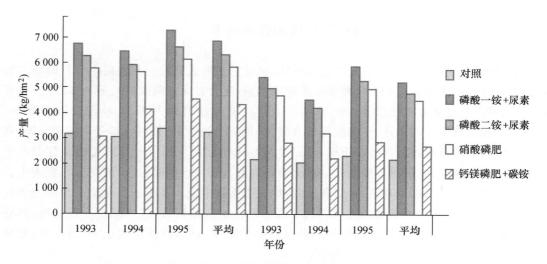

图 3.3　不同磷肥产品肥效比较

施 N 157.4 kg/hm²，施 P₂O₅79.5 kg/hm²，对照不施肥；

小麦肥料全部用做基肥，玉米季在喇叭口期一次追施(吴鲁智，1999)。

表 3.7　陇东黑垆土冬小麦—玉米轮作磷酸一铵肥效试验 kg/hm²

处理		实验效果			结果
		冬小麦	地膜玉米	露底玉米	
		12	6	3	
1	CK(小麦农家肥 3 000 kg＋玉米 4 000 kg 做底肥)	179.3	444.5	462.7	对照与处理 2、3、4 之间差异极显著，但是 2、3、4 处理间没有差异
2	底肥＋磷酸一铵＋尿素	260.8	608.7	563.8	
3	底肥＋磷酸二铵＋尿素	265.0	601.0	565.5	
4	底肥＋过磷酸钙＋尿素	265.0	600.6	581.8	

注：农家肥养分含量：有机质 21.5 g/kg，全氮 1.62 g/kg，碱解氮 154.0 mg/kg，速效磷 24.7 mg/kg。

引自秦志前等，1995。

表 3.8　小麦—玉米轮作体系过磷酸钙和磷酸二铵的肥效比较

P 来源	施磷水平	小麦		水稻	
		产量/(t/hm²)	P 吸收/(kg/hm²)	产量/(t/hm²)	P 吸收/(kg/hm²)
对照	0	2.4	7.7	5.2	16.1
过磷酸钙	17.6	3.8	12.3	5.4	17.1
	26.4	4	14.1	5.2	16.5
	35.2	4.1	15.9	5.1	15.9
磷酸二铵	17.6	4	12.9	5.4	16.6
	26.4	4.3	15.1	5.7	17.4
	35.2	4.2	16	5.9	17.2
LSD		0.3	0.7	ns	ns

注：ns 指没有显著差异。

引自 B. Singh. et. al. ，1998。

重过磷酸钙:白色结晶粉末,稍有吸湿性,主要成分是 $Ca(H_2PO_4)_2$,其中 P_2O_5 含量 44%~53%都是水溶性磷。其水溶性呈酸性,pH4.0。重过磷酸钙不含硫,钙、镁、硅等含量比过磷酸钙少。因其有效磷含量比普通过磷酸钙高,其施用量根据需要可以按照 P_2O_5 含量,参照普通过磷酸钙适量减少。重过磷酸钙可以施用到各种土壤和各种作物,可用做基肥、种肥、根外追肥、叶面喷洒及生产复混肥的原料。既可以单独施用也可与其他养分混合使用,若和氮混合使用,具有一定的固氮作用。酸性土壤上重过磷酸钙与过磷酸钙表现出同样的肥效(张济国等,1998)。碱性土壤上,烟草施用重过磷酸钙的质量和产量优于普通过磷酸钙(秦艳青,2003)。

硝酸磷肥:灰白色颗粒状,主要组分是磷酸二钙、磷酸铵和硝酸铵。硝酸磷肥是一种氮磷二元复合肥,其中 P_2O_5 含量 14%~28%,水溶性磷和枸溶性磷都含有,如天脊集团生产的硝酸磷肥中枸溶性磷的含量为 30%;含有 N 14%~29%,其中硝态氮肥占 50%~60%,铵态氮肥占 40%~50%,还含有其他 Ca、Mg、Si 等中微量元素。硝酸磷肥在生产后期可以调整氮、磷比例,也可以添加钾肥生产成三元复合肥。适用于生长期短的喜硝态氮的作物,如蔬菜、烟草等,但一般认为在水稻上不太适宜。盆栽试验表明:旱作条件下,缺磷(速效磷 2 mg/kg 左右)土壤上硝酸磷肥肥效随着水溶性磷含量升高而升高(80%时效果与重过磷酸钙一样),在中磷土壤上(速效磷 7 mg/kg 左右),水溶磷肥达到 30%时就可以满足小麦生长发育的要求,缺磷(速效磷 2 mg/kg 左右)水田中枸溶性磷肥的含量在 55%即可满足水稻生长要求(吴荣贵、林葆李家康,1994)。小麦施用水溶率达到 55%硝酸磷肥效果与等养分的重过磷酸钙+尿素的增产效果相当(谭文兰等,1992)。造粒对硝酸磷肥的效果也有影响,硝酸磷肥中水溶性磷含量低时,粉状在水稻上的当季利用效率优于粒状,而水溶性高时,则粒状处理的肥效稍好(吴荣贵等 1992)。

钙镁磷肥:灰绿色和灰棕色粉末,含磷量为 8%~14%,主要成分是能溶于柠檬酸的 α-$Ca_3(PO_4)_2$,还含有镁、钙和硅等中微量元素,为碱性肥料,pH 约 8.5。由于主要含有枸溶性磷肥和碱性缘故,钙镁磷肥最好施用在南方酸性土壤上,不仅调节土壤酸度,也有利于钙镁磷肥效果的发挥。钙镁磷肥效果缓慢,最好是提前施入土壤,不能做种肥,更不能做追肥用。钙镁磷肥最适合于对枸溶性磷吸收能力强的作物,如油菜、萝卜、豆科绿肥、豆科作物和瓜类等作物上。钙镁磷肥还有 Mg,在缺 Mg 土壤上施用增产效果会更加明显。在缺磷的石灰性土壤上过磷酸钙增产效果显著,枸溶性钙镁磷肥增产效果很低,不宜在石灰性土壤上直接施用,但混有半数以上过磷酸钙的钙镁磷肥可以在缺磷石灰性土壤上施用(刘立新等,1991;表3.9)。钙镁磷肥在高磷土壤上的肥效与过磷酸钙没有差异(王少任等,1991)。钙镁磷肥在碱性土壤上当季的肥效比过磷酸钙低,但是碱性水稻作物上,10 年的长期试验结果表明钙镁磷肥与过磷酸钙的肥料没有差异,土壤磷组分测试也没有差异(杨凤琴、王文卓等,1995)。酸性土壤上施用含等量磷的钙镁磷肥、过磷酸钙和重过磷酸钙,钙镁磷肥增产效果明显高于重过磷酸钙和过磷酸钙(韩国章等,1986)。

磷矿粉肥:外观颜色随原料磷矿石而呈灰色、浅黄色或褐色等,粉末状,一般要求 90%以上通过 100 目筛。其主要成分是钙、镁、铁的磷酸盐。磷矿粉肥是一种中性的、非水溶性磷肥。通常磷矿粉肥的有效磷主要为枸溶性磷,并且含量较低,在 3%~10%,其含量与原料中磷灰石的含量成正比(Lehr and McClellan,1972)。羊草上施用磷矿粉肥,随着有效磷含量

表 3.9 不同磷肥品种在石灰性土壤上的肥效及提高钙镁磷肥效果的研究

地点	作物	对照/ (kg/亩)	过磷酸钙/ (kg/亩)	钙镁磷肥/ (kg/亩)	LSD	
					0.10	0.05
陵县	1983—1984 年小麦	330	374	346	9.9	12.2
	1984 年玉米(后效)	323	363	322	29.1	35.9
	1984—1985 年小麦	248	398	373	31.4	38.8
	1985 年玉米(后效)	274	374	320	25.6	31.6
	1986—1986 年小麦	274	352	319	13.9	17.1
	1984 年玉米(后效)	238	319	292	34.9	43.1
宁津县	1983—1984 年小麦	237	349	269	34.8	42.9
	1984 年玉米(后效)	333	364	367	24.3	29.9
	1984—1985 年小麦	250	313	280	30.1	37.2
	1985 年玉米(后效)	269	307	305	26.1	32.2

注:引自刘立新,1991。

的升高,羊草干物质明显增加,而很难利用作物产量的反应来评价磷矿粉之间的差别(Chien 和 Van Kauwenbergh,1992)。磷矿粉条施效果明显好于撒施(Chien et al.,1995)。此外,磷矿粉肥与过磷酸钙等水溶性磷肥配合施用可以达到较好的效果,磷矿粉肥与过磷酸钙 1∶1 施用在小麦和黑麦草上与全部施用过磷酸钙的效果相同(Prochnow et al.,2004)。碱性土壤上,磷矿粉也能表现出明显的增产效果,但是比钙镁磷肥差,比重过磷酸钙更差(王庆任,2000)。磷矿粉的使用表现出较强的后效,油菜施用一次磷矿粉和重过磷酸钙,观察后效,前两季磷矿粉效果不如重过磷酸钙,但是第三季磷矿粉效果优于重过磷酸钙(刘景福等,1995)。

参考文献

戴景瑞.1998.发展玉米育种科学迎接 21 世纪的挑战.作物杂志,(6):1-4.

韩国章.1986.不同磷肥品种在酸性土壤上行对大麦的增产效应试验.大麦通讯,(2):40-44.

黄国宏,陈冠雄,张志明,等.1998.玉米田 N_2O 排放及减排措施研究.环境科学学报,18(4):344-349.

库克 G W.1978.高产施肥.北京:科学出版社.

刘大滨.1995.过磷酸钙是含多种营养成分的好肥料品种.磷肥与复肥,2:28-30.

刘景福.1995.棕红壤上几种磷矿粉肥不同施用量的效果及经济效益.湖北农业科学,(5):29-33.

刘康,殷欧.1988.表施氯化铵氨挥发损失的初步研究.土壤肥料 3:41-43.

刘立新.1991.不同磷肥品种在石灰性土壤上的肥效及提高钙镁磷肥效果的研究.山东农业科学,(1):28-29.

鲁军.2001.石灰氮的生产现状和发展前景.化肥设计,39(3):52-53.

鲁如坤等.1998.土壤-植物营养学原理和施肥.北京:化学工业出版社.

秦志前.1995.陇东黑坊土冬小麦、玉米施用磷酸一铵肥效试验.甘肃农业,8:31-32.

沙业汪.2006.硫酸工艺和设备选择中的节能问题.硫酸工业,(5):5-11.

谭明,魏明安.2010.磷矿选矿技术进展.矿冶,19(4):1-6.

谭文兰,刘军,丁尉联.1992.硝酸磷肥不同水溶率对小麦吸收养分和肥效的影响.山西农业科学,(6):4-6.

汪家铭.2007.高效复合肥料硝酸铵钙的生产及市场概况.化肥设计,45(1):58-60.

王庆任.2000.3 种溶解性磷肥对不同磷效率小麦品种肥效的试验研究.生态农业研究,8(3):40-43.

王少任.1991.钙镁磷肥在石灰性土壤上的肥效变化及原因探讨.土壤肥力,(6):11-14.

吴德桥.2009.我国发展硝酸磷肥的生产工业探讨.磷肥与复肥,24(4):36-40.

吴鲁智.1999.磷酸一铵在石灰性土壤上的肥效及施用技术.磷肥与复肥,4:67-70.

吴荣贵,林葆,李家康.1994.不同水溶磷含量的硝酸磷肥肥效研究.土壤肥料,(1):20-26.

吴荣贵.1992.粉状与粒状硝酸磷肥的肥效比较.土壤肥料,(4):25-27.

杨凤琴,王文卓.1995.钙镁磷肥在滨海稻田土壤上长期定位试验研究.盐碱地利用,(4):22-26.

杨兆娟,向兰.2007.磷石膏综合利用现状评述.无机盐工业,39(1):8-11.

叶学东.2008.树立磷石膏是产品的理念,为磷石膏资源化利用奠定基础.磷肥与复肥,23(1):6-8.

俞巧钢,符建荣.含 DMPP 抑制剂尿素的氨挥发特性及阻控对策研究.农业环境科学学报,2009,28(4):744-748.

喻永,等.1962.湖北省黄红土地区 1961 年冬播作物过磷酸钙肥效试验初报.湖北农业科学.(2):16-20.

张福锁,王激清,张卫峰,等.中国主要粮食作物肥料利用率现状与提高途径.土壤学报,2008,45:915-924.

张济国.1998.重过磷酸钙在缺磷土壤上早稻施用效果的研究.磷肥与复肥,(1):68-70.

中科院西北生物土壤研究所土壤组.1959.普通黑褐土过磷酸钙粒肥的肥效.土壤通报,(2):17-19.

Akiyama H,Yan X Y,Yagi K.2010.Evaluation of effectiveness of enhanced-efficiency fertilizers as mitigation options for N_2O and NO emissions from agricultural soils:meta-analysis.Global Change Biology,16:1837-1846.

Bellarby J,Aberdeen U O,Sciences S O B,International G.2008.Cool Farming:Climate impacts of agriculture and mitigation potential.:Greenpeace International.

Bouwman A F,Boumans L,Batjes N H.2002b.Modeling global annual N_2O and NO emissions from fertilized fields.Global Biogeochem Cy,16(4):1080.

Bouwman A F,Boumans L.2002a.Estimation of global NH_3 volatilization loss from synthetic fertilizers and animal manure applied to arable lands and grasslands.Global Biogeochem Cy,16(2):1024.

Chien S H. 1995. Factors affecting the agronomic effectiveness of phosphate rock for direct application. Fertilizer Research. (41):227-234.

Chien S H,Prochnow L I,Cantarella H. 2009. Recent developments of fertilizer production and use to improve nutrient efficiency and minimize environmental impacts. Advances in Agronomy,102: 0065-2113.

Erisman J W,Sutton M A,Galloway J, et al. How a century of ammonia synthesis changed the world. Nature Geoscience,2009,1: 636-639.

Guo J H,Liu X J,Zhang Y, et al. Significant acidification in major Chinese croplands. Science,2010,327: 1008-1010.

IFA. 2009a. Energy Efficiency and CO_2 Emissions in Ammonia Production. 2008-2009 Summary Report.

IFA. 2009b. Fertilizers,Climate Change and Enhancing Agricultural Productivity Sustainably. Paris,France.

IPCC. 2007. Climate Change 2007: Synthesis Report. : IPCC,Geneva,Switzerland. pp 104.

Jiang J Y,Hu Z H,Sun W J,Huang Y. 2010. Nitrous oxide emissions from Chinese cropland fertilized with a range of slow-release nitrogen compounds. Agriculture,Ecosystems and Environment,135: 216-225.

Ju X T,Xing G X,Chen X P, et al. Reducing environmental risk by improving N management in intensive Chinese agricultural systems. PNAS,2009,106: 3041-3046.

Khalil M I,Schmidhalter U,Gutser R. 2006. N_2O,NH_3 and NO_x emissions as a function of urea granule size and soil type under aerobic conditions. Water,Air,and Soil Pollution,175: 127-148.

Kongshaug G. 1998. Energy consumption and greenhouse gas emissions in fertilizer production. In IFA Technical Conference ,Marrakech,Morocco.

Lehr J R,McClellan G H,Smith J P, Fraizer A W. 1967,Characterization of apatitesin commercial phosphate rocks. Proc. Int. Colloq. Solid Inorg. Phosphates,12:29-44.

Li H,Chen Y X,Liang X Q,Lian Y F,Li W H. 2009. Mineral-nitrogen Leaching and Ammonia Volatilization from a Rice-Rapeseed System as Affected by 3,4-Dimethylpyrazole Phosphate. Journal of Environmental Quality,38: 2131-2137.

Nelson K A,Paniagua S M,Motavalli P P. 2009. Effect of Polymer Coated Urea,Irrigation, and Drainage on Nitrogen Utilization and Yield of Corn in a Claypan Soil. Agronomy Journal,101(3).

Prochnow L I,Chien S H,Carmona G,Henao J. 2004. Greenhouse evaluation of two phosphorus sources produced from a Brazilian phosphate rock. Agron. J. (96): 761-768.

Rao E V S P,Prasad R. 1980. Nitrogen leaching losses from conventional and new nitrogenous fertilizers in low-land rice culture. Plant and Soil,57: 383-392.

Singh B,Singh Y,Khera T S,Khind C S,RachnaNayyar. 1998. Evaluation of P Sources in a Rice-Wheat Cropping System in Northwestern India. Rice Research. 23(3):22.

Sprosena M S,Ledgarda S F,Lindsey S B. 2011. Effect of rate and form of dicyandiamide application on nitrate leaching and pasture production from a volcanic ash soil in the Waikato. New Zealand Journal of Agricultural Research,52：47-55.

Trenkle M E. 2010. Slow-and Controlled-Release and Stabilized Fertilizers：An Option for Enhancing Nutrient Use Efficiency in Agriculture. Paris,France：IFA.

Yan X,Akimoto H,Ohara T. Estimation of nitrous oxide,nitric oxide and ammonia emissions from croplands in East,Southeast and South Asia. Global Change Biology,2003,9：1080-1096.

Zhang Y E,Luan S J,Chen L L,Shao M. 2011. Estimating the volatilization of ammonia from synthetic nitrogenous fertilizers used in China. Journal of Environmental Management,92：480-493.

（张卫峰、尹蛟、黄高强）

第 4 章

中国农田环境养分数量与管理技术

　　环境养分是指来自大气圈、水圈和岩石圈，通过物理、化学或生物学过程进入陆地和水生生态系统的各种养分的统称，环境养分包括大气沉降、灌溉水、生物固氮以及种子或秧苗等带入的营养元素，它与土壤养分、肥料养分一起构成了植物养分的三大来源。从元素组成上看，环境养分包括氮、磷、钾和各种中、微量元素，但从数量和影响来看，氮和硫是两种最为重要的环境养分，鉴于氮素既是非常重要的植物营养元素同时又是环境污染元素，因此，本文将重点介绍环境氮养分。随着人为活性氮排放的迅速增加，环境氮养分的农田输入总量呈现出快速上升的趋势，从 20 世纪 80 年代的 6.99 Tg/年，逐渐增至 90 年代和 21 世纪的 8.02 Tg/年和 9.18 Tg/年，分别上升了 1.03 Tg/年和 2.19 Tg/年。目前环境氮养分输入我国农田生态系统的氮素总量已达 9 Tg/年，超过全国化肥氮年投入量的 1/4，其中，生物固氮数量基本稳定，而大气干湿沉降、灌溉水、生物固氮三类环境氮养分的贡献分别占到了 49%、9% 和 42%。和 80 年代相比，21 世纪大气氮沉降和灌溉水带入的氮素作为环境养分的主体（二者约 60%），其增幅为 0.6 倍，是我国环境氮养分增加的最主要贡献者。

4.1 环境养分定量方法及其农田输入数量

4.1.1 环境养分的定量方法

4.1.1.1 大气氮沉降输入的环境养分定量方法

1. 直接测定法

　　这是通过对各种来源的环境养分进行直接收集和测定，从而得到环境养分总量的一类方法。具体而言，这类方法包括大气湿沉降、干沉降以及灌溉水等的收集与养分浓度测定等直接定量方法。

(1)氮素湿沉降　量雨器和湿沉降自动收集器是目前收集大气湿沉降的常用方法,前者收集的沉降样品由于包括部分干沉降(如降尘)又称为混合沉降,后者指在降水发生时收集的样品故是真正的湿沉降。一般情况下,混合沉降与湿沉降没有本质差异。但在干旱地区或者沙尘暴频发的地区,有必要将二者区分开来。降雨或降雪样品收集后一般应放置在实验室冰箱中保存,以防样品氮素组分发生形态转化或损失。水样中的铵态氮和硝态氮可用流动分析仪或者离子色谱仪进行测定,可溶性总氮采用过硫酸钾氧化-紫外分光光度法分析,总氮和铵态氮、硝态氮的差值即为可溶性有机氮。

(2)氮素干沉降　与湿沉降不同,大气干沉降的收集和测定相对较为困难。这主要是因为干沉降的发生与沉降受体表面物理、化学以及生物学特性密切相关,而且一些大气活性氮化合物(如 NH_3)具有双向流动的特点,这些都使得大气氮素干沉降通量具有较大的不确定性。目前,氮素干沉降的测定主要基于两类方法:①推断法(inferential method),即通过主动或被动采样的仪器收集大气中活性氮化合物,通过分析测定和相应的气象参数得到这些组分的大气浓度,采用文献中报道的相应活性氮组分的沉降速率,大气浓度与沉降速率、时间的乘积即为单位时间内大气氮素干沉降通量;②微气象学方法,比如,垂直梯度法和涡度相关法等,主要利用微气象学原理,通过快速检测大气中含氮化合物浓度(梯度)变化结合各种微气象条件来计算大气含氮化合物的沉降或排放通量。两类方法比较,前者相对容易实现,因为只要有合适的气体和气溶胶收集器和附近的气象参数,就可以得到大气各种活性氮化合物的浓度,而对于任意特定的生态系统这些活性氮化合物的沉降速率应该是基本确定的,因而可以获得大气氮素干沉降的通量。后者因需要昂贵的仪器设备和广阔的下垫面(测定高度与下垫面半径之比为 1∶100),测定起来非常困难。

2. 间接定量法

(1)土壤无肥区估计法　这是一类间接定量环境养分的方法,其原理是根据土壤不施肥小区植物地上部吸氮量来间接估计环境养分数量。由于植物吸收的氮素养分中包含了土壤供氮,因此该方法所得的环境养分实际上是土壤＋环境的养分供应,高估了环境养分的数量。但是,如果是长期定位试验无肥区(比如 10 年以后),一般认为土壤氮库养分释放与外界的输入基本达到平衡,这样植物的吸氮量就反映了大气氮沉降的数量。

(2)生物监测法　生物监测法是一种用于大气或水体污染状况监测的低成本方法。大气氮沉降的生物监测主要有两种方法:①基于 ^{15}N 稀释法的 ITNI(integral total nitrogen input)砂培-盆栽系统;②基于被动响应的植物监测,常见的指示植物有地衣/苔藓、草本植物以及树木叶片等。

ITNI 系统的原理基于 ^{15}N 同位素稀释法,适于生命周期短的农作物。大气氮沉降输入的氮素(自然丰度)使得整个系统标记的 ^{15}N 同位素丰度降低,根据系统 ^{15}N 丰度被稀释的程度可以计算出大气氮沉降的数量。指示植物在石英砂中生长,在整个生育期统一供应固定 ^{15}N 丰度的氮素营养液[如 5％丰度 $Ca(NO_3)_2$]供给作物生长。大气中的活性氮化合物一方面通过干湿沉降进入石英砂/营养液系统,然后通过根系被作物吸收,另一方面可以被植物地上部直接吸收同化。作物收获以后,测量所有部分(包括作物、石英砂、营养液)的含氮量和 ^{15}N 的丰度,然后根据质量守恒定律,可以计算出环境氮的输入总量和被植物吸收利用的那部分环境氮数量。

关于利用地衣或者苔藓进行氮素沉降的生物监测,主要是基于地衣/苔藓生长在岩石表面,其氮素养分主要源自大气氮素干湿沉降,因而其体内氮素浓度的高低无疑反映了大气中活性氮污染程度与沉降的多寡。同样的道理,高等植物地上部或者叶片体内氮素(尤其是铵态氮)浓度、氮磷比也与大气活性氮浓度或沉降通量存在一定相关性,从而可以间接表征大气氮素沉降的数量。但是,这类生物监测需要与大气活性氮浓度或沉降的直接测定结果建立数学关系(如线形回归方程),这样就可以根据生物监测的氮素浓度估计当地的大气沉降水平。

4.1.1.2 灌溉水和生物固氮输入的环境养分定量方法

灌溉水中养分的输入,可以通过与湿沉降类似的方法,通过收集和测定灌溉水样品的氮素等养分浓度,结合全年的灌溉量即可获得当年灌溉水中带入养分数量。生物固氮途径固定的氮素养分可以通过豆科等固氮植物生物固氮占总吸氮量的比例来估计,或者采用 ^{15}N 自然丰度法、乙炔还原法等方法来对固氮量进行评价。

4.1.2 环境养分的农田输入数量及其与人为活动的关系

4.1.2.1 大气氮沉降

大气氮沉降是指各种含氮化合物通过湿沉降(降雨、降雪等)和干沉降(气体、气溶胶和降尘等)形式从大气中移出并降落到地表的过程,这些含氮化合物包括各种无机形态(如铵态氮、硝态氮)和有机形态(如尿素、氨基酸、过氧化硝酸酯)的氮素。自从工业革命特别是合成氨工业的大规模应用以来,人类活动导致的大气活性氮排放急剧增加。与此同时,排放到大气中氨气和氮氧化物等通过一系列的物理、化学反应形成气溶胶或细颗粒物,可通过大气环流迁移数百米至数千千米从而影响周边国家乃至全球的大气质量与氮素沉降。因此,大气氮沉降因人类活动的加剧其影响已日益全球化。农田过量施肥和汽车尾气的大量排放,是导致我国大气氮沉降不断升高的主要原因。刘学军等(2012)经过大样本的数据统计分析指出,我国氮素干湿沉降总量已经从 1980 年的 19.5 kg/(hm² · 年)增至 2009 年的37.5 kg/(hm² · 年)。相应地,全国氮素沉降输入农田的养分总量在过去 30 年中增加近 1 倍,即从 1980 年的 2.53 Tg/年增至 2009 年的 4.88 Tg/年。如果和整个 20 世纪 80 年代比较,90 年代和 21 世纪氮沉降的农田输入分别比前者增加约 0.3 倍和 0.6 倍,增量均达显著水平。在华北平原等农业集约化程度较高的地区,由大气氮沉降输入的农田氮素养分占到了作物当季需氮量的 80%。

4.1.2.2 灌溉水

灌溉水带入农田的氮素数量取决于灌水量和灌溉水含氮量。由于灌溉水的来源——江、河、湖、地下水中的含氮量不同,不同地区灌溉方式不同,因此由灌溉水输入的农田生态系统的氮素养分量也存在很大差异。我国南方稻田灌溉面积大且灌水量多,而北方相对有效灌溉面积和灌水量都要少得多(主要是麦季灌溉),北方的水田仅占耕地的 5.5%,其中有灌溉条件的耕地只占 35.6%,因此从整体上看南方灌溉水带入农田的氮素数量要高于北方。全国稻田生态系统中,灌溉水带入的氮量变幅在 7~32 kg/hm²,而华北地区小麦-玉米轮作体系中约为 13 kg/hm²。另外,华北是我国灌溉面积最大的地区,灌溉农田占耕地面积的近 60%,而华南是我国水田面积比例最大的地区,水田占该区耕地的近 70%,因此灌溉带入这两个地区的氮量较其他地区要大得多。随着农田施氮量的增加,氮循环强度不断提高,氮素渗漏和径流损失的数量亦随之增加,因此近年来灌水带入农田的氮量相应增加。我国的农田灌溉水带入氮量在 1980 年约为 9.7 kg/hm²,到了 2009 年上升到了 16.0 kg/hm²,大约在过去 30 年间提高了近 0.6 倍。结合我国农田的有效灌溉面积,可以计算出灌溉水输入全国农田的氮素通量在 20 世纪 80 年代约为 0.46 Tg/年,在 90 年代上升至 0.64 Tg/年,随着灌溉水中含氮量的进一步增加,21 世纪由灌溉水输入农田的氮素养分达到了 0.84 Tg/年(图 4.1)。

4.1.2.3　生物固氮

全球约有 2 万多个物种具有生物固氮能力,每年固定的氮量近 120 Tg,与全球化学工业合成氨年产量相当,是自然界植物所需氮的主要来源之一。生物固氮主要包括豆类植物的共生固氮以及旱地和稻田的非共生固氮两大类。共生固氮的作物主要包括豆类、花生以及绿肥,用生物固氮速率乘以其种植面积,就可以计算出共生固氮固定的氮量。由于生物固氮率受到土壤环境因子的影响,不同地区的研究报道生物固氮率的差异很大。在农田生态系统中广泛存在的豆科作物如大豆、花生、豌豆、蚕豆等,其共生固氮量每年可以达到 75~150 kg/hm²,条件适宜时甚至达到 300 kg/hm²。豆科植物的共生固氮速率变化范围较大,国外的研究结果多在 80~120 kg/hm²。我国的绿肥大多用做肥田,很少施用化肥,因此绿肥植物的固氮速率相对较高。红萍作为绿肥中最常见的一种,其共生固氮速率可以达到 150~300 kg/hm²。淹水稻田的非共生固氮是水稻重要氮源之一,固氮率为 10~70 kg/hm²。若按照文献报道中较常用的生物固氮速率为 84 kg/(hm³·年)计算,那么我国农田生物固氮的数量在 20 世纪 80 年代和 90 年代分别为 3.53 Tg/年和 3.68 Tg/年,到 21 世纪略微增至 3.82 Tg N/年,年际之间相比,无显著差异(图 4.1)。

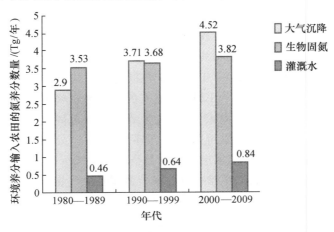

图 4.1　不同形式的环境养分输入农田的环境氮养分总量

4.2　环境养分的生态效应及其管理技术

随着人为活动的增加,环境氮养分的农田输入总量呈现出上升的趋势,在提高作物生产力方面发挥着显著作用。如果按目前氮肥用量为 32 Tg 来算,我国农田环境氮养分的数量已超过肥料氮年用量的 1/4。大气氮素沉降和灌溉水是农田环境养分输入的主体,其数量已经从 20 世纪 80 年代的 3.4 Tg/年增至 2000 年以后的 5.4 Tg/年,生物固氮带入农田的氮素养分虽变化较小(平均 3.7 Tg/年)但其贡献也不容忽视。事实上,不仅农田环境养分数量增加,我国陆地生态系统氮沉降也呈增加趋势。为此,我们应该根据其特点采取分区域管理的应对策略。在我国中东部地区包括华北平原和沿海经济发达地区,我们应高度重视大气沉降为主体的环境氮对农田生态系统养分输入及其对水体富营养化的贡献,充分利用这部分环境养分资源、减少氮肥的不合理投入,从而实现养分资源的高效利用。例如,我们利用 ^{15}N 稀释法(ITNI 系统)在华北平原的研究表明,在整个冬小麦-夏玉米轮作系统氮素沉降的总量变幅于 $80\sim90$ kg/hm² ,而当季植物可以直接利用氮素沉降约为 50 kg/hm² 。这说明在环境氮养分供应丰富的华北地区农民至少可以减少 $50\sim80$ kg/hm² 的肥料氮投入,而不会出现作物减产的风险。在我国内陆和西部地区,大气氮素沉降对农田的养分输入贡献相对较小,人们则应该更多地关注大气氮素沉降等环境养分对森林和草地等自然、半自然生态系统生产力和生物多样性的潜在影响,系统评价其对这些敏感生态生产力、生物多样性以及土壤固碳潜力和温室气体排放等的影响。美国科学院院士、著名生态学家 Tilman 教授小组的最新结果表明,大气氮沉降年通量即使只比背景值增加 10 kg/hm² 也可以导致草地生态系统 17% 物种数(特别是稀有草种)的丧失。其结果推翻了过去普遍认为的低量氮素沉降有助于自然生态生产力提高与生物多样性增加的观点。新进国内白永飞小组的实验结果表明,内蒙古草原氮沉降增量达到 17.5 kg/hm² 将导致物种数的显著下降。本小组多年氮添加结果亦显示,30 kg/hm² 的低量氮素添加即可造成非禾本科杂类草物种数的显著减少。同时,国内也有很多研究表明由于环境养分利用不合理,已经造成一系列的负面效应,包括水体富营养化、土壤氮饱和、物种多样性下降等,此外,大气氮沉降等输入农田的氮素还会引发农田温室气体排放增加、含氮污染物二次排放等严重的环境污染,大气氮沉降还可以增强土壤固碳潜力,进而影响生态系统的稳定性和其服务功能。

在欧美等发达国家,自 20 世纪 80 年代以来各国都先后建立起全国性或跨国界的大气沉降监测网络(如美国 NADP、欧洲的 EMAP、日本的东亚酸沉降网等),其监测结果配合相应的大气沉降模型基本实现对各自国家大气(氮素等)干、湿沉降输入的区域评估和减排条件下的未来情景分析。对于大气氮素沉降的生态环境效应,国外也有较为系统的研究。而在中国,目前我们尚没有建立一个国家层面的覆盖全国的大气沉降监测网,由于缺乏协调和相互信任不同部门之间的沉降数据很难得以共享。我国在大气氮素干沉降方面的研究则还刚刚起步,缺乏系统的监测资料。因此,我们建议国家有关部门(如环保部)应组织一个由大学或科学院牵头、覆盖全国主要地区和生态系统的大气沉降监测网络,给予相对稳定的经费支持,同时开展大气湿沉降和干沉降的定量研究,并选择一些敏感生态系统开展大气氮沉降生态响应与反馈的长期定位试验。数据管理可以采用于国外公益性平台(如美国 NADP)的方式无偿提供给不同层次人群(包括科研、教学人员、学生、企业、环保部门等)使用。灌溉水带入的氮素是设施蔬菜中重要的氮来源之一,例如山东地区作为我国主要的蔬菜基地,氮肥投入相当高,虽然在不同季节灌水量和灌溉水含氮量有所差异,但是仅靠有机肥和灌溉水的氮素投入就可以满足寿光地区设施番茄正常生长对氮素的需求。因此,随着我国设施蔬菜的大力发展,我们有必要对菜地中灌溉水带入的氮素进行深入研究。新进欧洲氮素评估的结果表明,过量的活性氮排放已经导致欧盟 27 国经济环境代价达到 700 亿~3 200 亿欧元/年。我国的环保部门也指出中国的环境污染代价大,年"折损"超万亿元,其中活性氮的污染亦非常惊人。因此,环境养分是关乎整个陆地生态系统和水生生态系统环境安全的重要因素之一,必须加以高度重视。这就要求我们在制定施肥计划时,应该考虑到大气沉降、灌溉水以及生物固氮等环境养分的输入量,减少肥料投入量,以期提高肥料利用率,节约经济成本,为实现国家粮食安全提供基础保障。同时,大气氮沉降作为人类经济发展的产物,主要来自于农业过量施肥、畜牧业的发展以及汽车尾气的大量排放,需要国家出台相应的政策制约或减少活性氮的大量排放,才能从源头上控制或减少大气沉降这一环境养分的排放量,这样才能从根本上避免过多的环境养分影响生态环境。

参考文献

Bai Y F,Wu J G,Clark C M. 2010. Tradeoffs and thresholds in the effects of nitrogen addition on biodiversity and ecosystem functioning:evidence from inner Mongolia Grasslands. Global Change Biology,16:358-372.

Clark C M,Tilman D. 2008. Loss of plant species after chronic low-level nitrogen deposition to prairie grasslands. Nature,451:712-715.

He C E,Liu X J,Fangmeier A,et al. 2007. Quantifying the total airborne nitrogen-input into agroecosystems in the North China Plain. Agriculture,Ecosystems and Environment,121:395-400.

He C E,Wang X,Liu X J,et al. 2010. Nitrogen deposition and its contribution to nutrient inputs to intensively managed agricultural ecosystems. Ecological Applications,20:80-90.

Liu X J,Duan L,Mo J M,et al. 2011. Nitrogen deposition and its ecological impact in China:an overview. Environmental Pollution,159:2251-2264.

Liu X J,Song L,He C E,et al. 2010. Nitrogen deposition as an important nutrient from the environment and its impact on ecosystems in China. Journal of Arid Land,2:137-143.

Shen J L,Tang A H,Liu X J,et al. 2009. High concentrations and dry deposition of reactive N species at two sites in the North China Plain. Environmental Pollution,157:3106-3113.

Shen J L,Liu X J,Zhang Y,et al. 2011. Atmospheric ammonia and particulate ammonium from agricultural sources in the North China Plain. Atmospheric Environment，45：5033-5041.

Song L，Bao X M，Liu X J，et al. 2011. Nitrogen enrichment enhances the dominance of grasses over forbs in a temperate steppe ecosystem. Biogeosciences 8：2341-2350.

Zhang Y，Liu X J，Fangmeier A，et al. 2008. Nitrogen inputs and isotopes in precipitation in the North China Plain. Atmospheric Environment，42：1436-1448.

（宋玲、刘学军）

第 **5** 章

有机养分及其管理技术

植物生产、动物生产、有机肥料生产是农业生产的基本内容和主要环节(刘更另,1991)。传统意义上的有机肥料泛指各类可以用于农业生产的有机物,我国古代农业的伟大成就都得益于大量有机物的循环利用。"地靠粪养,苗靠粪长"这句古语反映了有机肥料维系土壤活性与改良土壤和促进植物生长的作用。有机肥料生产在农业生态系统中担负着物质循环的重要功能与作用,可影响到植物和动物的正常生产(毛达如,1982)。

5.1 我国有机肥料资源的类型与数量

5.1.1 秸秆类

我国作为世界粮食、油料、棉花生产大国,农作物秸秆相当丰富。通过对 1991—2006 年我国作物秸秆产生量的估算结果可以看出(图 5.1),我国秸秆产生量整体上在 5.5 亿~6.6

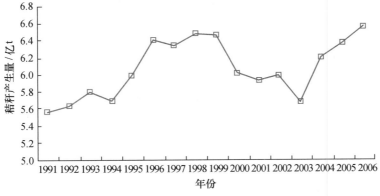

图 5.1　我国秸秆产生量年际变化

亿 t 范围内波动。从作物秸秆产生量的动态变化趋势可以看出,总体上呈现了先增加后减少尔后大幅度上升的趋势:1991—1998 年总体上呈上升趋势,1998 年秸秆产生量达到了约 6.49 亿 t;1998—2003 年秸秆产生量大幅度减少,与 1998 年比下降了约 0.8 亿 t;2003—2006 年秸秆产生量大幅度增加,2006 年秸秆量达到最大,约 6.57 亿 t。

作物秸秆主要为粮食作物秸秆,占秸秆总量的 85%~90%。从年际变化上看,粮食作物秸秆比重呈小幅度下降趋势,油料作物秸秆比重有所上升,其他作物秸秆比重变化不大。秸秆主要分布在华北和华东地区,2006 年河南、山东、江苏、安徽和黑龙江 5 个地区秸秆量超过 4 000 万 t 以上。

5.1.2 粪便类

随着我国养殖业的快速发展,畜禽粪便的产生量以年均 3% 的速度逐年递增,其中,2003 年增加幅度最大,比 2002 年增长 1.36 亿 t。2006 年我国畜禽粪便总量达到了约 32 亿 t,其中,粪量约为 22 亿 t,尿量约为 10 亿 t(图 5.2),粪便总量是同年工业固体废弃物产生量(15 亿 t)的 2.1 倍,比 2000 年增加了 5.16 亿 t。

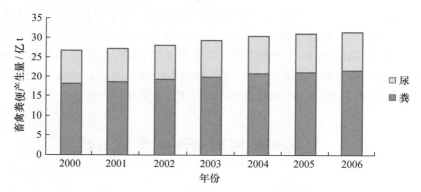

图 5.2 我国畜禽粪便产生量年际变化

在我国粪便总资源中,牛粪便和猪粪便是畜禽粪便的主体,其中牛粪便的产生量最大,所占的比例在 56.9%~57.9%;其次是猪粪便,占粪便总量的 20.0%~21.7%;羊粪便和家禽粪便分别占 10% 和 7% 左右;马、驴、骡粪便所占的份额相对较低,三者之和还不足 5%;兔粪便资源量最小,仅占 0.1%~0.2%。可以看出,各类畜禽粪便所占比重基本保持稳定,不同年份间变化不大(图 5.3)。

从年际变化趋势看,牛粪便和猪粪便呈逐年增加趋势,马、驴、骡粪便则呈逐年减少趋势,家禽和羊粪便则呈小幅度波动式变化。畜禽粪便主要分布在黄淮海和西南地区,与 2000 年相比,2006 年除上海和安徽地区外,其余省份均呈增加态势,河南、山东、四川、河北地区的粪便量超过了 2 亿 t。

5.1.3 其他

估算结果表明,2006 年我国城市生活垃圾的产生量达到 16 411 万 t。目前,国内通常以

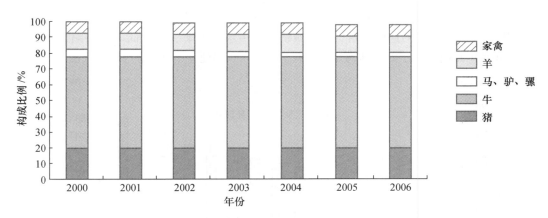

图 5.3 我国畜禽粪便构成比例年际变化

环卫部门垃圾清运量来反映城市生活垃圾的产生量的变化(住建部,2006)。我国城市生活垃圾清运量以年均 6.8% 的速度逐年递增(图 5.4),2006 年城市生活垃圾的清运量达到了 14 841 万 t,占城市生活垃圾总产量的 90%。城市生活垃圾产生量与清运量主要与城市人口数量、城市规模、城市数量、居民收入、居民消费水平和城市居民燃气化率有关。随着我国城市数量不断增多,规模不断扩大,非农业人口数量和城区面积急剧增长,人民生活水平稳步提高,中国城市生活垃圾产生量也经历了一个急剧增长的阶段。垃圾组分随着经济发展和人民生活水平的提高发生着较大变化。

随着我国城市生活垃圾产生量的增大以及垃圾中有机组分含量的提高,我国有机垃圾的产生量呈逐年增加的趋势。1979 年我国有机垃圾量仅为 562 万 t,2006 年有机垃圾量约为 1979 年的 10 倍,2005 年有机垃圾量最大,达6 129万 t。

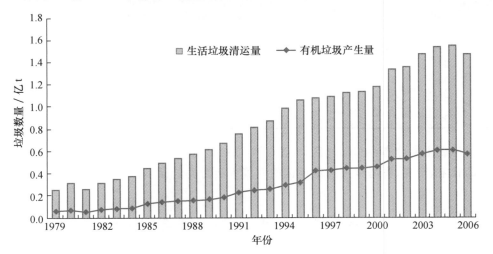

图 5.4 我国城市生活垃圾清运量及有机垃圾量年际变化

1979—2005 年,我国城市有机垃圾量呈逐年增加态势,2006 年略有下降,2005 年城市有机垃圾量最大,达6 129万 t;有机垃圾主要分布在东部经济发达的地区,我国东、中、西部有机垃圾量的比例为 2.1∶1.0∶0.6。

伴随我国城市化进程的加快和城市人口的急剧增长,我国城镇生活污水排放量一直呈持续增长状态,以年均5%的速度递增。我国城镇生活污水处理率一直较低,2001年仅为处理率18.5%,近两年我国加大了对生活污水的处理力度,2006年处理率达到了43.8%(图5.5)。

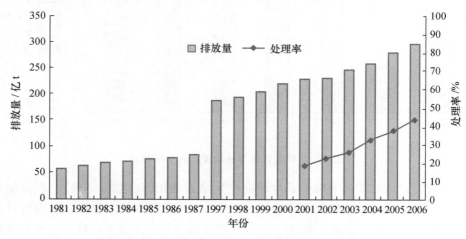

图 5.5 我国城镇生活污水排放量及处理率年际变化

注:1981—2000 年处理率无统计数据。

随着我国生活污水排放量的增大,污水处理设施的普及以及处理率的提高,我国污泥产生量以年均25%的速度逐年递增。2001年我国生活污泥的产生量仅为85万t,2006年达到了260万t,比上年增长24%,为2001年污泥产生量的3.05倍(表5.1)。

表 5.1 我国城镇生活污水处理量及生活污泥产生量

年份	生活污水处理量/亿 t	生活污泥产生量/万 t
2001	43	85
2002	52	104
2003	64	127
2004	84	169
2005	105	210
2006	130	260

生活污泥主要分布在东部地区。2006年广东、江苏、上海生活污泥量超过了20万t,西北地区的甘肃、宁夏、青海以及西南地区的西藏生活污泥量很小,均不足2万t。

5.2 我国的有机养分的贮量与利用现状

目前,我国总有机废物排放量为$(41.3\sim43.4)\times10^8$ t,其中蕴含粗有机质为12.27×10^8 t,氮、磷、钾总贮量约为87.34×10^6 t。在这些有机固体废弃物中,从氮、磷、钾养分资源来看,占主要地位的是畜禽粪便,其氮、磷、钾总贮量约为6 330万t,相当于4 930万t尿素、11 940万t的过磷酸钙和3 380万t的氯化钾;占第二位的是城市生活垃圾;其次是农业秸秆,其氮、磷、钾总贮量约为 914 万 t。从有机质养分资源来看,占主要地位的是农业秸秆,占第二位的是畜禽粪便,第三位是城市生活垃圾。

有机废弃物中蕴含有大量的营养元素,苑亚茹计算结果表明,2006 年我国有机废弃物总量超过了 14 亿 t,可提供 N、P_2O_5 和 K_2O 分别为 2 362 万 t、1 422 万 t 和 2 575 万 t,约相当于 5 134 万 t 尿素、14 157 万 t 过磷酸钙和 4 557 万 t 氯化钾(表 5.2)。

表 5.2　2006 年我国有机废物养分贮量　　　　　　　　　　　　万 t

有机废物种类	N	P_2O_5	K_2O	总养分贮量
作物秸秆	657	203	1 182	2 042
畜禽粪便	1 657	1 171	1 199	4 028
有机垃圾	41	39	192	272
生活污泥	7	8	2	17
合计	2 362	1 422	2 575	6 359

畜禽粪便和秸秆养分量占较大的比重,其中,畜禽粪便的养分量占绝对优势,可提供 N、P_2O_5 和 K_2O 分别为 1 657 万 t、1 171 万 t 和 1 199 万 t,总养分量占有机废物养分总量的 46.6%～82.4%。其次为秸秆,占 14.3%～45.9%。可以看出,秸秆中钾素资源丰富,钾(K_2O)养分量与畜禽粪便中钾养分量相当。有机垃圾和生活污泥养分贮量不大,养分贮量分别占有机废物总养分贮量的 1.7%～7.4% 和 0.1%～0.6%。

我国有机废弃物总养分贮量高达 6 359 万 t,这些养分是 2005 年的我国生产和施用化肥养分的 1.30 倍和 1.33 倍,是进口化肥养分的 8.40 倍。有机废物中 K_2O 资源最为丰富,总钾贮量达 2 575 万 t,这些钾素是 2005 年的我国施用钾和进口钾的 4.8 倍和 4.5 倍,是钾肥生产的 11.0 倍(表 5.3),因此,充分利用有机废物养分资源对缓解我国当前的化肥压力,尤其是钾肥,具有极其重要的现实意义。

表 5.3　2006 年我国有机废弃物养分贮量规模　　　　　　　　万 t

项目	N	P_2O_5	K_2O	总养分
A 总养分贮量	2 362	1 422	2 575	6 359
B 化肥生产量*	3 576	1 075	233	4 884
C 化肥施用量**	2 627	1 604	535	4 766
D 化肥进口量***	69	115	574	757
A/B	0.66	1.32	11.05	1.30
A/C	0.90	0.89	4.81	1.33
A/D	34.23	12.37	4.49	8.40

注:* 和 ** 数据引自《中国统计年鉴》;** 复合肥 N:P_2O_5:K_2O 按 30.5%:66.0%:3.5% 折算;*** 引自《中国城市建设统计年报》。

从各地区有机废弃物养分贮量上看(图 5.6),河南、山东、河北、四川 4 个地区 N、P_2O_5、K_2O 以及总养分贮量均位居我国前 4 位,N、P_2O_5、K_2O 以及总养分均超过了 150 万 t、100 万 t、150 万 t 和 400 万 t。北京、天津、上海这些直辖市以及宁夏、海南养分资源量则很小。从总体上可以看出,有机废物养分资源集中分布在我国种植业和养殖业较发达的地区。

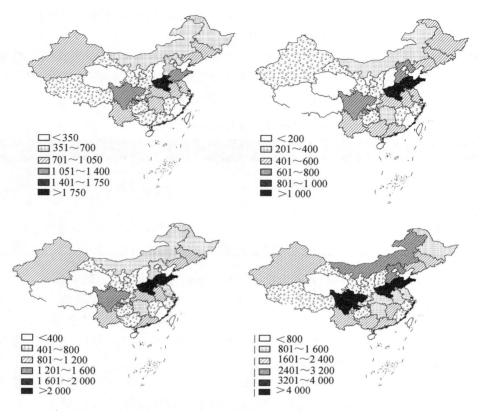

图 5.6　2006 年我国大陆有机废弃物养分贮量(单位:kt)空间分布

5.3　有机养分的循环利用与管理技术

5.3.1　直接利用与管理技术

我国秸秆以直接还田(表 5.4)占比重最大,为 31.8%。其次是烧灰还田和过腹还田,分别占秸秆总量的 24.1% 和 21.4%。与其他还田方式相比,堆沤还田由于其需要时间长、环境影响大、劳动强度高、直接效益不明显,因此,所占的比例较小,为 9.1%。其他如工副业原料、食用菌基质、弃置乱堆等共占 13.5%。

表 5.4　秸秆直接还田技术

还田技术	还田方法	优　点	限　制
直接还田	直接粉碎还田 整秆还田 覆盖栽培还田	操作简单、省工省时、作业效率高;利于水土保持、缓解气温激变对作物的伤害、促进植株地上部分生长	耗能大,成本高;在山区、丘陵地区机械使用受限;未经高温发酵直接还田的秸秆,可能导致病害蔓延;在薄地、氮肥不足及播期临近时,秸秆用量受限

注:引自石磊等,2005。

不同作物的秸秆利用方式不同,杂粮、小麦、水稻作物的秸秆直接还田比重相对较高,在35%以上,花生、薯类、豆类秸秆作饲料的比例较高达30%以上。烧灰还田比例最大的棉花,达到58.7%,其次是油菜、玉米、小麦和水稻,所占比例均超过了总量的20%(表5.5)。

表5.5 2006年我国作物秸秆不同利用方式所占比例 %

作物种类	直接还田	堆沤还田	过腹还田	烧灰还田	其他
小麦	39.0	7.9	12.6	23.0	17.5
玉米	26.6	9.9	27.2	26.3	9.8
水稻	36.4	8.6	21.0	20.5	13.2
杂粮	39.5	8.8	25.2	16.8	11.0
豆类	32.5	12.3	31.9	16.7	6.6
薯类	28.9	4.6	36.6	19.1	10.8
花生	11.1	14.7	41.8	17.8	14.4
油菜	25.0	15.7	11.8	36.4	11.1
棉花	25.1	3.3	1.5	58.7	11.5
其他	27.8	5.3	23.8	30.5	12.5

注:据2006年农业部有机肥调研数据汇总后整理。

传统堆沤仍是我国畜禽粪便处理的主要方式,占畜禽粪便总量的68.5%,工厂无害化处理的量较低,仅占总量的10.6%,闲置放弃畜禽粪便约占总量的17.8%。

从不同种类畜禽粪便处理方式上看,传统堆沤方式所占的比例均在50%以上,工厂无害化处理率最高的是鸡粪,达25.75%,其次是猪粪便和牛粪便,占10%左右,鸭、鹅、大牲畜(不含牛)以及兔粪便的工厂无害化处理率则很低,分别为2.5%、1.68%和0.29%(表5.6)。

表5.6 2006年我国主要畜禽粪便不同利用方式比例 %

畜禽种类	传统堆沤	工厂无害化处理	闲置放弃	其他
牛	73.98	10.18	14.98	0.70
猪	70.45	9.72	16.48	6.61
马、驴、骡	72.89	1.68	25.24	0.19
羊	79.59	5.37	12.71	3.28
兔	94.19	0.29	4.43	1.09
鸡	55.04	25.75	16.66	2.43
鸭、鹅	72.57	2.50	16.07	8.86

注:据2006年农业部有机肥调研数据汇总后整理。

畜禽粪便作为有机肥化再利用。直接施用畜禽粪便是优质的有机肥料,在我国传统农业生产中,主要是将畜禽粪便直接施用或者简单堆沤后施用。国外研究表明新鲜猪粪中的挥发性脂肪酸具有抑制和消除植物土传病害的功能。因此,将新鲜的猪粪作为肥料直接施入大田。既可以为作物提供营养元素,又可以消除一些土壤中的病害。这些直接施用的方法不需要很大的投资,操作简便,易于被农民接受和利用。但是由于畜禽粪便中水分含量高,大量施用时不方便等原因,在一定程度上限制了其施用。

从总体上看,2006 年我国有机垃圾堆肥化的比例仅为 1.9%,而 97.1% 的有机垃圾未进行资源化利用,其中,47.2% 的生活垃圾未进行无害化处理,43.2% 和 7.7% 的生活垃圾分别进行了卫生填埋和焚烧。

当前我国大部分生活污泥进行了填埋处理,比例达 63%,焚烧和综合利用比例较小,未进行处理污泥的比例达 16.2%。目前,我国生活污泥农用主要是用于林地、园林绿化等方面,比例为 13.5%,2006 年生活污泥 N、P_2O_5 和 K_2O 养分量分别为 6.9 万 t、8.3 万 t 和 2.2 万 t,养分还田量分别为 0.94 万 t、1.13 万 t 和 0.29 万 t。

土地利用则越来越被认为是一种积极、有效、有前途的污泥处置方式。这种方式主要是将污泥用于农田等的施肥,垦荒地、贫瘠地等受损土壤的修复及改良,园林绿化建设,森林土地施用等。污泥中含有丰富的有机质和植物所需的营养成分如氮、磷、钾等及各种微量元素如 Ca、Mg、Cu、Zn、Fe 等,是非常有价值的资源。其中有机物的浓度一般为 60%~70%,其含量高于普通农家肥,因此能够改良土壤结构,增加土壤肥力,促进作物的生长。将污泥施用于农田,可促进作物生长。在园林用地、森林土地中施用污泥,可改善树木、草坪、花卉的生长情况,又不会进入食物链,对人类健康没有影响,是近年来发展较快的污泥利用途径。污泥还可作为良好的有机肥料和土壤改良剂用于矿山等受损土壤的复垦,对土壤的特性有一定的改善。在国外,污泥及其堆肥作肥源农用,已有多年的历史,城市污泥农用比例最高的是荷兰,占 55%;其次是丹麦、法国和英国,占 45%;美国占 25%。与国外相比,我国对城市污泥农用资源化的理论研究与实践均相差甚远。

农田施用污泥研究众多(马娜等,2003)。污泥中含有大量植物所需的营养成分和微量元素,施用于农田后会提高土壤有机质和氮、磷、钾等的含量,增加土壤的肥力,从而促进作物的生长。污泥的肥效可高于一般农家肥,也不像化肥会使土壤板结,因此施用污泥既可肥田,又有利于土壤质量的改良,并减少了农业生产的成本。日本有研究表明,污泥施用对绝大多数作物都有良好的肥效作用,其中以叶菜类增产最多,同时可改善蔬菜因缺少微量元素而引起的品质下降。国内对污泥农田施用后对土壤的改良作用进行了研究,其盆栽和田间实验表明:施用污泥后,土壤中氮、磷、钾、总有机碳等营养成分及田间持水量、土壤团粒结构、土壤空隙度等都随污泥或污泥堆肥用量的增加而相应增加,土壤结构得到明显改善。莫测辉等(1997)的研究则发现污泥对植物种子的发芽有促进作用,但对幼苗的生长却有抑制作用,抑制物主要为有机酸和醛等。周立祥等(2001)对苏州市生活污泥的农用研究表明:施用污泥后土壤结构明显改善,容重下降,孔隙增多,通气透水性加强。

5.3.2　间接利用与管理技术

利用多种形式的秸秆还田,不仅可增加土壤有机质和速效养分含量,培肥地力,缓解氮、磷、钾肥比例失调的矛盾;调节土壤物理性能,改造中、低产田;形成土壤有机质覆盖,抗旱保墒;还可以增加作物产量,优化农田生态环境。但应该指出,秸秆还田不当也会带来不良后果。由于我国人均耕地少,机械化程度较低,耕地复种指数高,倒茬时间短,加之秸秆碳氮比高,给秸秆还田带来困难。常因翻压量过大、土壤水分不够、施氮肥不够、翻压质量不好等原因,出现妨碍耕作、影响出苗、烧苗、病虫害增加等现象,严重的还会造成减产。秸秆还田的发展方向是:因地制宜,开发新型秸秆还田机,进一步推广机械化程度;加强还田理论和配套栽培技术的研究,避免他感效应和自毒作用带来的负面效应;发展生物工程技术,走农机与农艺结合的道路,促使秸秆快速腐解(表5.7)。

表 5.7　秸秆间接还田技术比较

还田技术	还田方法	优 点	限 制
间接还田	堆沤腐解还田	高温厌氧发酵而成,操作简单廉价	耗时长、劳动强度大、产量小
	烧灰还田	操作方便,K_2CO_3 含量丰富	污染空气、损失大量能源和 C、N、P
	过腹还田	利用效益高,实现畜牧增产和肥田	未经处理的秸秆饲料利用率低,耗量小
	菇渣还田	菇渣营养丰富、可减少化肥用量	菇渣产量小,所消纳的秸秆量有限
	沼渣还田	优质有机肥,可副产沼气和沼液	沼渣产量小,生产周期长,劳动强度大
生化腐熟快速还田	催腐堆肥技术速腐堆肥技术酵菌堆肥技术	机械自动化程度高、易实现产业化;腐熟周期短、产量高,采用好氧发酵,无环境污染;肥效高且稳定	优良微生物复合菌种和化学制剂筛选困难;操作条件需严格控制;秸秆需严格预处理;设备成本和运行费用较高

注:引自石磊等,2005。

畜禽粪便堆腐后施用。吴景贵等(2011)总结国内外研究表明,堆肥是在人为控制堆肥因素的条件下,根据各种堆肥原料的营养成分和堆肥过程中对混合堆料中碳氧比、颗粒大小、水分含量和 pH 等要求,将计划中的各种堆肥材料按一定比例混合堆积。在好氧、厌氧或好氧—厌氧交替的条件下,对粪便进行腐解作为有机肥施用。有研究指出堆肥过程中的主要影响因素包括以下几个方面,通风、温度、填充料的选择、堆料含水率、适宜的 C/N 和 pH。国外学者研究指出当 pH 低于 6 时,会严重降低微生物的呼吸作用,抑制堆肥反应的进行。也有研究指出,采用强制通风与机械翻堆相结合的通风方式有利于水溶性 C 的分解和固相 C/N 的降低,加快堆肥腐熟。因此,堆肥过程中要严格控制好各个堆肥因素,使堆肥条件达到最佳加快腐熟。目前,利用蚯蚓、蝇蛆等堆腐畜禽粪便研究较多。国内研究指出施用蚯蚓堆肥处理与不施用对照比较,土壤中速效 N、P、K 分别增加 15.68 mg/kg、10.71 mg/kg、24.30 mg/kg。其他研究指出蚯蚓堆腐处理的猪粪,有机 N 更多的转化为 NO_3-N 而 NH_4^+-N 的含量很少,减少了 N 的挥发。接种蚯蚓处理未腐熟牛粪比不接种蚯蚓的未腐熟牛粪或自然堆制的腐熟牛粪,显著增加了未腐熟牛粪中矿质 N 和速效 P 的含量,提高了碱性磷酸酶的活性 降低了微生物中 C、N 的含量和脲酶的活性。试验表明,畜禽粪便经蚯蚓、蝇蛆处理后再施用,能提高粪便的肥效、改良土壤结构、增加土壤透水性、防止土壤表面板结、提高土壤的保肥性。

畜禽粪便经微生物菌剂发酵后施用。将经过选培的有益微生物菌剂,加入到畜禽粪便中 通过微生物发酵堆腐而生成有机肥施用。自然堆肥初期微生物量少,需要一定时间才能繁殖起来。人工添加高效微生物菌剂可以调节菌群结构,提高微生物活性,从而提高堆肥效率,缩短发酵周期,提高堆肥质量。有研究指出,添加微生物菌剂处理鸡粪和玉米秸秆混合有机物料,不仅加快了分解速度,而且促进了 N 的积累,比未添加菌剂处理的 N 增加了 5.4%。也有研究指出,施用经微生物菌剂发酵的畜禽粪便制备的有机肥较非菌剂发酵的有机肥更能促进作物生长,增加产量,提高抗病性,改善作物品质。因此,畜禽粪便中添加微生物菌剂进行发酵后施用。不仅可以提高腐熟速度和肥效,还可以改善作物品质。

为大力发展循环经济,推动经济、社会的可持续发展,中国城市生活垃圾以资源化、无害化、减量化为基本处理原则,目前的处理方式主要有填埋、焚烧和堆肥。城市生活垃圾加工为堆肥,是利用其有机养分的有效方式。最简单常见的堆肥方式是自然通风静态堆肥,这种堆肥方式成本较低,但料堆内部常处于受压状态,外面的空气很难进入料堆内部,异味大、好氧发酵不够均匀充分、发酵周期较长、且筛上物多,堆肥产品质量难以保证。好氧与厌氧联合处理工艺降解的综合处理技术是垃圾生物处理的发展方向,但其前提条件是实行城市垃圾分类,提高垃圾中有机物含量。目前适于现场操作的小容量堆肥系统已成为发展趋势之一。

城市污泥成分复杂,其中含有大量氮、磷、多种微量元素和有机质等可利用成分,也可能含有有毒、有害、难降解的有机物、重金属、病原菌及寄生虫(卵)等物质。堆肥处理一般对场址面积要求较大,并需要较高的运输和处理费用。在我国目前土地资源相对匮乏的条件下,大批堆场的开发显然存在难度,以堆肥为最终处置方式也不利于可持续的发展。污泥堆肥是指将污泥等有机废弃物在一定的条件下(如 pH、C/ N、通气、水分、温度)进行好氧堆沤,使之转化成类腐殖质的过程。污泥经堆肥化后,病原菌、寄生虫卵等几乎全部被杀死,重金属有效态的含量也会降低,营养成分有所增加,污泥的稳定性和可利用性大大增加。赵丽君等(1999)对比堆肥前后污泥中有毒有机物含量发现,污泥中有毒有机物的降解率平均在 60%以上。一般污泥经过堆肥化处理后,水浸提态重金属的量会减少,即生物有效性重金属减少,因此可通过控制污泥堆肥条件来提高污泥堆肥的质量。随着污泥处理技术的发展,污泥堆肥化的工艺也在不断发展更新,现在多采用污泥和垃圾或秸秆、树叶等复合堆肥的方法,其稳定效果更好。

参考文献

建设部. 2006. 中国城市建设统计年报. 北京:中国建筑工业出版社.

刘更另.1991.中国有机肥料.北京:中国农业出版社.

马娜,陈玲,熊飞.2003.我国城市污泥的处置与利用.生态环境,12(1):92-95.

毛达如.1982.有机肥料.北京:中国农业出版社.

莫测辉,吴启堂. 1997.城市污泥对作物种子发芽及幼苗生长影响的初步研究.应用生态学报,8(6):645-649.

石磊,赵由才,柴晓利.2005.我国农作物秸秆的综合利用技术进展.中国沼气,23(2):11-14.

吴景贵,孟安华,张振都.2011.循环农业中畜禽粪便的资源化利用现状及展望.吉林农业大学学报,33(3):237-242,259.

赵丽君,杨意东. 1999. 城市污泥堆肥技术研究. 中国给水排水,15(9):58-60.

中华人民共和国国家统计局. 2007. 中国统计年鉴. 北京:中国统计出版社.

周立祥,占新华,沈其荣,等. 2001. 热喷处理污泥及其复混肥的养分效率与生物效应. 环境科学学报,21(1):95-100.

（贾伟、李彦明、陈清）

第**6**章

植物营养生物学调控技术

6.1 基于根际调控的高产高效技术

6.1.1 根际调控的原理

植物在适应环境胁迫的过程中形成了高效利用养分的机制,如何充分挖掘植物适应营养逆境胁迫的潜力,探明其适应机制,最终达到有效利用和发挥这些生物学潜力,提高养分效率的目的是国际植物营养学领域研究的热点和难点。在养分胁迫条件下,植物可通过扩大根系生长、释放大量的根分泌物改变根际过程,活化和利用根际中的难溶性养分,因而提高养分利用效率的关键是要充分挖掘植物高效利用养分的生物潜力,提高植物根系对养分的摄取能力,而植物-土壤相互作用的根际动态过程就成为限制作物对养分吸收利用的关键环节。根际是作物-土壤相互作用最剧烈的区域,是养分和水分从土壤进入作物系统的"瓶颈"。根际过程不仅决定着土壤养分的生物有效性,进而影响作物产量和养分的利用效率,而且制约着营养物质在根-土界面中的转化和利用。揭示养分高效利用的根际过程及其根际营养机理对于通过根际调控充分挖掘作物对养分高效利用的生物潜力,减少化肥等外部资源的投入,降低过量养分进入环境的风险,提高养分利用效率和作物生产力具有重要的理论和实践意义(张福锁等,2009)。

根际的物理、化学及生物学过程深刻影响着植物的生长并最终对生态系统的生产力、生物多样性及稳定性产生影响(张福锁和申建波,2007)。在农田生态系统中,根际各组分间的相互作用制约着植物-土壤系统中物质和能量的流动并在较大程度上决定着整个作物体系的生产力和资源利用效率(Zhang et al.,2004)。

根际调控是在深入揭示根际过程的基础上,通过对根际生态系统中各个组分的调控和管理来优化根际互作过程使其向可持续方向发展,从而提高作物产量和养分、水分资源的利用效率(Zhang et al.,2010)。根际调控的策略主要包括:①调控根系。包括调控根系形态和构型扩大根系的吸收面积,强化根系分泌物的释放,提高对土壤难溶性养分的活化效率和生物有效性。②调控根际环境。通过对根际养分组成和强度的改变调控根际环境,强化根际的酸化作用,提高根际养分的活化效率。③调控根际的相互作用。包括通过接种菌根和有益微生物来改善根际环境及根际营养、利用间套作物种间根系的相互作用来提高养分活化和利用。根际调控的原理是通过不同农艺措施的优化协调作物根系、根际环境、根际微生物以及根际互作之间的关系,最大化根际生态系统各个组分的效率,减少外部资源的投入,节肥增效,充分发挥高产高效的生物学潜力,实现作物的可持续生产。

6.1.2 根际调控的技术途径

6.1.2.1 调控根系

根系的调控主要包括对根系形态和生理的调控两个方面。对根系形态的调控在作物建成的前期具有重要作用,主要原因是环境温度低导致土壤养分的有效性较低,植物需要扩展根系的生长范围来获取足够的养分。局部养分的调控及启动肥的施用能显著促进根系的生长,特别是促进根系的分支和增生,提高作物苗期抵御低温及养分胁迫的能力。采用植物生长物质及调节剂对根系的生长发育进行调控,能显著提高作物苗期的抗逆能力(张福锁等,2009)。对根系生理过程的调控可以通过肥料形态的选择如铵态氮、硝态氮及尿素来诱导根际 pH 的变化从而提高土壤中养分的生物有效性。在石灰性土壤条件下,铵态氮的使用可以显著降低作物的根际 pH;在酸性土壤上,硝态氮的使用可以提高作物的根际 pH。这表明在不同土壤条件下,可通过改变养分形态调控根系的生理过程。养分的供应强度对根系的生长也有重要影响,高强度的养分供应抑制根系的生长,通过适度胁迫,促进植物根系生长和根分泌物的释放来活化环境中的养分,提高土壤养分的生物有效性,在苗期发育阶段尤其重要,因为健康的幼苗发育,达到苗齐苗壮是实现作物高产高效的基础。

对玉米而言,早期温度较低、根系较小,很难通过根系来获取足够的养分,尤其是低温导致土壤磷的供应能力较低,难以满足玉米自身生长发育的需求。因此,玉米苗期磷肥的供应对幼苗的建成有着十分重要的作用。研究表明,氮、磷存在明显的正交互作用,优化氮素施用能显著促进玉米对磷的吸收和利用(Cole et al.,1963;Thien and Mcfee,1970),由于磷的吸收速率与氮素的供应高度相关,施氮处理可以将磷的转运速率提高 5～10 倍(Cole et al.,1963)。局部养分供应可通过提高养分供应区域的浓度,促进苗期根系对高浓度养分的吸收来满足作物生长发育的需求。

6.1.2.2 调控根系主导的根际环境

根际过程如根系诱导的根际酸化和根分泌物的释放对养分的活化与利用有着十分重要的作用(Marschner,1998)。根际化学过程可以通过调控氮素供应形态与供应强度得以改变,当铵态氮作为氮素的主要形态时,根系吸收铵导致 H^+ 的分泌会明显增加,相反,当硝态氮作为作物吸收氮素的主要形态时,OH^- 的分泌会明显增加(Marschner,1995;Taylor and

Bloom，1998；Hinsinger et al.，2003）。在石灰性土壤上，土壤的 pH 值较高，铵态氮诱导的根际酸化可以降低 pH 从而促进养分吸收，特别是对于难溶性磷，如石灰性土壤磷的主要形态——钙磷，根际化学过程的强化作用能显著提高磷的活化与利用效率。以上分析表明，通过调控根际过程促进作物根系的增生及根际酸化作用，提高根系获取养分资源的能力，是促进作物生长及提高磷肥利用效率的重要途径。

(a) 促进了根系的大量增生（Zhang et al., 2010）

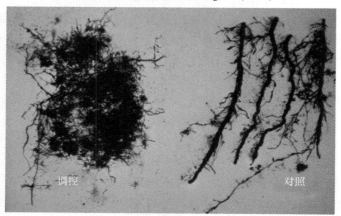

(b) 降低根际pH（Jing et al., 2010）

图 6.1　局部养分调控在石灰性土壤上对根系的影响

局部养分调控的基本原理是利用根系对局部养分供应的响应，局部供应不同的养分，与背景土壤形成较大的浓度梯度，诱导根系的生长，一方面可以增加根系的吸收面积，另一方面通过改变局部调控区养分的组成比例强化根际的化学过程，提高土壤养分的空间和生物有效性。已有的研究结果表明局部氮、磷施用在前期显著促进了玉米根系的生长（图 6.1a），调控区域的根长、密度与对照相比有显著提高，扩大了根系的吸收面积。同时作物对铵态氮的吸收可以降低根际 pH（图 6.1b）强化了根际过程，这对于石灰性土壤上提高磷的有效性、促进玉米对磷的吸收利用，从而提高玉米对早期低温条件下的抗逆性具有重要作用。

　　我们的研究表明,局部氮、磷施用显著提高了玉米对氮、磷养分的吸收(图6.2A,B),且播种时的一次调控可延续到玉米生长的中期。通过对局部养分施用区域的土壤进行分析,发现铵态氮占无机氮总量的百分比与玉米氮、磷的养分吸收之间存在显著的正相关关系(图6.2a,b)。这说明可通过改变局部调控区养分的组成比例强化根际的化学过程,提高土壤养分的空间和生物有效性,进而提高玉米的养分吸收,并为通过有效的局部养分调控促进玉米生长提供了重要的科学基础。

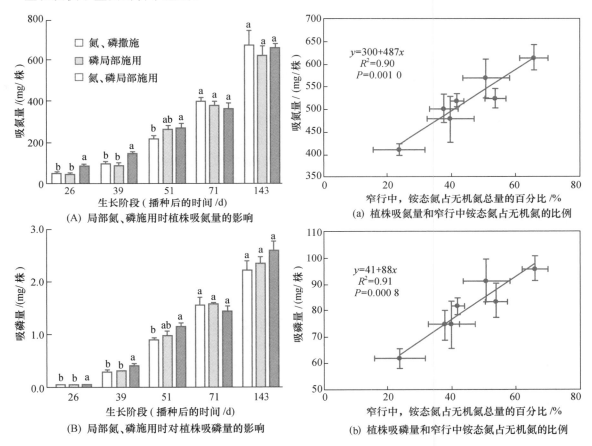

图6.2　局部氮、磷施用对玉米养分吸收的影响

(A)、(B)引自 Jing et al., 2010;(a)、(b)引自 Jing et al., 2012。

(A)、(B)图中不同字母代表差异显著。

6.1.2.3　调控根际互作过程

　　根际互作过程的调控是通过接种菌根和有益微生物来改善根际营养环境、利用物种间根系的相互作用来提高作物对养分的活化和利用效率。土壤微生物是土壤有机质和土壤养分转化和循环的动力,数量适中、种群结构合理的土壤微生物是促进土壤养分有效化和良性循环的基础。菌根是由真菌与植物根系建立的一种互惠共生体,在自然界中分布广泛,可与地球上90%的维管植物形成菌根,农业生产和生态意义潜力巨大(Smith and Read,1997)。研究表明,菌根可以显著促进植物根系对磷、铜、锌等矿质元素的吸收(George et al.,

1994)。近年来,土壤有益微生物(Plant growth-promoting rhizobacteria,PGPR)的研发与应用在利用根际活化养分挖掘作物生物学潜力方面取得了重要进展。根际促生菌是定殖于根系、能够促进植物生长的一类细菌,对植物根系生长、土壤磷的转化及有效性、土壤水分的利用等均有重要的促进作用(Dodd,2009),这些微生物本身具有无毒无害、不污染环境、成本低、节约能源等特点。因此,应用生物技术充分发挥微生物的潜力,提高土壤养分的有效性和化肥的利用率,具有重要的理论价值和实践意义(Vessey,2003;Adesemoye et al.,2009)。根际促生细菌的应用,不仅能提高作物对养分的吸收效率和抗旱能力,而且能显著提高作物的产量。通过根际互作过程的调控,优化根系与微生物之间的互作关系,强化微生物对根际过程的修饰作用,可以起到"四两拨千斤"的功效,推动农业的可持续发展。

植物根系间相互作用,受多种因素影响,如养分竞争、根系类型、根系体积和根系分泌作用等,这些过程影响着植物根系形态及生理的变化。根系的形态结构如根的粗细、长短、根毛和侧根的数量及长度对植物吸收利用土壤中的养分具有决定性的影响。许多植物在养分胁迫条件下,根系形态都会发生改变,以适应营养胁迫的需求。根系形态和大小是决定植物获取氮素的重要因素,总根长越长,根系表面积越大,吸收的氮素越多(Sattelmacher et al.,1990)。根系形态不仅会受到生长环境中资源可利用性的影响,由邻近植物释放的根分泌物对根系形态也会产生影响(Mahall,1991;Mahall,1992;Caldwell,1994;Fitter,1994)。间作体系中的种间根系相互作用使作物的根系形态发生改变。在小麦/玉米间作体系中,间作条件下两种作物的根长、根体积、根表面积、初生根和次生根的数目都大于单作(张福锁等,2009)。因此,间套作比单作更能充分利用养分资源,利用植物根系间的相互作用最大限度的活化根际养分,促进作物对养分的活化与吸收。基于根际互作的间套作调控技术为高产高效作物生产提供了重要的技术途径。

根际是植物、土壤和微生物相互作用的重要界面,是养分和有害物质从土壤进入植物体参与食物链物质循环的重要门户和通道,也是植物和土壤环境之间物质和能量交换的结点(张福锁和申建波,1999)。根际过程不仅决定着土壤养分的生物有效性,而且也深刻影响着根际生物的活性,从而间接影响养分和其他元素的有效性,进而影响作物产量(张福锁等,2009)。深入研究植物、土壤和微生物相互作用的根际过程并实施定向调控,对于节肥增效,提高作物产量至关重要,根际调控的策略和技术途径涉及综合调控根系、根际环境以及根际相互作用的多个方面,并且这种综合调控应该根据特定的作物体系和生长环境条件进行优化,突出关键调控环节和技术要点。因此,合理有效的植物营养生物学调控技术特别是根际调控技术可以充分发挥作物高产高效的生物学潜力,实现集约化作物生产的可持续性,对于提高植物-土壤系统的生产力和资源的利用效率、保护环境具有重要的理论和实践意义。

6.2 基于基因型调控的高产高效技术

6.2.1 基因型调控的理论基础

养分吸收与利用生理学特性的基因型差异是遗传控制的反映,因此,要从种质资源中挖掘养分高效基因,应从研究基因型差异入手。研究发现不同小麦品种对缺铁反应的差异与铁载体的分泌量有密切关系,铁高效品种京 855621 的铁载体分泌量是铁低效品种中 181 的 2.4 倍。同时,不同种类植物根质外体铁的积累与利用也存在差异(Zhang et al.,1999)。不同种类以缺磷条件下的根分泌物组成也不相同,肥田萝卜和印度豇豆根系分泌大量的酒石酸,白羽扇豆分泌大量的柠檬酸,油菜则主要分泌苹果酸。在缺锌胁迫下,双子叶植物和非禾本科单子叶植物根细胞原生质膜的渗性都明显提高,钾离子和低分子量有机物质的溢泌量增加,禾本科植物则可以分泌脱氧麦根酸(张福锁等,1998)。在小麦中则发现,不同基因型的植株开花后氮素吸收量存在差异,这与粒重及籽粒蛋白质形成有直接关系,影响到小麦超高产的潜力(米国华等,1999)。此外,还有对小麦耐缺锰的基因型差异的研究(刘学军等,1999;方正等,1998)。这些试验表明,植物对不同营养胁迫的反应均与根际动态过程密切相关,而利用具有不同表型性状的基因型,分离其高效优良等位基因,是养分高效性状育种改良的一个重要途径。

作物养分高效品种的遗传改良工作已经受到国内外研究机构和育种公司的高度重视。国际玉米小麦改良中心(CIMMYT)率先开展了玉米耐低氮研究(Bänzinger et al.,2000),随后美国杜邦先锋、德国 KWS、瑞士先正达等知名跨国育种公司都投入了大量资金进行相关研发工作。近年来我国学者在作物养分高效育种研究方面已经取得了相当显著的成就。中国科学院遗传所李振声院士在小麦氮、磷高效育种工作方面开展了多年系统工作(李继云,李振声,1995),相继选育出了小偃 54、小偃 81 等氮、磷高效小麦品种。在 PNAS 的一篇综述中张启发院士进一步提到,通过转基因技术和分子标记辅助选择相结合,我国可望在 8 ~10 年内培育出氮、磷养分高效的绿色超级稻(Zhang et al.,2007)。

中国农业大学植物营养系养分高效遗传改良课题组不断总结国内外玉米氮高效研究的生理机制,提出了氮高效玉米的生物学特征(米国华等,2007):①在开花前维持稳定的氮吸收,并将吸收的氮素高效利用于穗的发育,提高小花结实率,为产量形成过程中的碳、氮积累提供较大的库;根系生长发育能力强,能建成较大的根系,以满足籽粒生长期氮素吸收的要求;有较强的叶片扩展能力,保持较大的叶面积。②在开花后,充分利用前期建成的根系,高效吸收土壤中的矿化氮,用于籽粒生长所需,从而减少叶片中氮的输出,减缓叶片衰老,维持叶片较高的光合效率,为籽粒灌浆提供碳水化合物。因此,在氮高效育种中注重穗部性状(结实能力强)、根系性状(发达的根系,且功能期长)与叶片性状(保绿性好)的结合。在深入分析土壤硝态氮运移及损失特点、玉米吸氮规律及土壤氮素有效性对根系生长的调节作用,提出玉米的理想根构型应该包括:①根系下扎能力强、生长后期分布较深、根系活力强,有利于截获土壤中随水下移的硝酸盐;②在高产氮肥投入条件下仍能保持正常的侧根生长、总根长、密度高,提高整体土壤剖面的氮素有效性;③侧根对局部硝酸盐的响应能力(向肥性反应)强。在优化供氮条件下,氮投入量相对降低,土壤氮素分布的空间异制性增加。侧根向肥性反应能力强有助于高效利用局部富集的硝酸盐(Mi et al.,2010)。

6.2.2 基因型调控的技术体系

作物品种间的养分效率存在广泛的遗传多样性,根据田间筛选试验基本可以确定其养分效率的特点,通过养分胁迫及正常养分投入条件下的筛选试验,一方面筛选相对当地主栽品种增产幅度大,即肥料生理利用效率高的高养分投入高产品种;另一方面选择养分胁迫条件下减产幅度小的品种,产量与对照品种相当,即肥料吸收效率高的节肥高产品种。双高效型品种是兼顾前两种基因型养分利用效率特点的高产高效新品种。在实际应用中要根据其品种特性,合理施肥,最终达到高产高效、节肥的目的。

以氮高效品种筛选为例,简述筛选程序及筛选标准。

6.2.2.1 初筛

1. 筛选方法

2000 年,将每种组合的 F_1 代种子分别单行种植,对照品种间隔种植,采取低氮低密(鉴定其耐低氮能力)、高氮高密(鉴定高产耐密潜力)同时筛选的方法进行第一次筛选。

低氮低密筛选条件:供氮(N)水平为 90 kg/hm²,磷肥为(P_2O_5)100 kg/hm²,钾肥(K_2O)为 100 kg/hm²。施肥方式:磷、钾肥作为基肥一次性施入,氮肥(N)基肥一次性施入 90 kg/hm²。种植密度为 60 000 株/hm²(行距 60 cm,株距 28 cm);

高密高氮筛选条件:磷、钾肥施入量同上,作为基肥一次性施入。供氮(N)水平为 240 kg/hm²,基肥施入氮 90 kg/hm²,拔节前期(6~9 叶)追施氮肥(N)150 kg/hm²。种植密度为 80 000 株/hm²(行距 60 cm,株距 21 cm)。

2. 筛选标准

选择在低氮低密筛选条件和高密高氮筛选条件均满足如下 A、B 和 C 条件中至少一种的作为初筛杂交组合:

A. 具有如下综合农艺性状:

A-1. 株型:茎与植株上位穗上叶夹角小于 25°±5°;

A-2. 株高:240~280 cm;

A-3. 穗上茎间距(大):16~18 cm,透光良好;

A-4. 穗下茎间距(小):12~15 cm;

A-5. 穗位偏低:80~110 cm,即穗位高/株高=0.36±0.03;

A-6. 果穗中大:穗行数 14~16 行,千粒重 350~420 g,结实性好,果穗秃尖小、果穗不缺粒;

A-7. 穗轴直径:2.6~3 cm;

A-8. 玉米籽粒颜色:黄色;

A-9. 茎秆强度大、韧性好至人为弯曲到地面不折断;

A-10. 抗逆性强:抗至少 3 种病害和/或抗玉米螟等主要虫害。

B. 具有如下氮高效性状中的至少一种:

B-1. 在根系发育最完整的吐丝期调查根系性状,并满足如下条件:

a)根层数:7~10 层;

b)总根条数为 60~100 条;

c)根的上部平展和侧根总长达到 80~120 m;

d)根下部与茎间夹角小于 25°。

B-2. 熟相:中间型或绿熟型。

B-3. 生育期适中,散粉与吐丝期间隔小于 2 d(ASI)。

C. 产量评价指标满足如下条件:

初筛杂交组合与对照品种在氮素施加量相同条件下,产量满足如下条件:

(初筛杂交组合的玉米产量－对照品种的玉米产量)/对照品种的玉米产量≥10%。

6.2.2.2 复筛(氮效率评价)

1. 方法

将初筛得到的杂交组合 F_1 代按照如下方法进行复筛:

将初筛杂交组合 F_1 代种子与对照品种间隔种植。设置高、低氮(N)两个处理:0 和 240 kg/hm² ,磷肥(P_2O_5)为 100 kg/hm² ,钾肥(K_2O)为 100 kg/hm² ,作为基肥一次性施入,氮肥基肥(N)施入 90 kg/hm² ,拔节前期(6～9 叶)追施氮肥(N)150 kg/hm² 。种植密度为 60 000株/hm²(行距 60 cm,株距 28 cm)。高低氮处理各设置 3 个重复,小区面积为 10～20 m² 。

2. 选择标准

D:氮效率评价指标满足如下 D2-1 和 D2-2 和 D2-3 条件;

D2-1:(高氮条件下所述氮双高效型玉米杂交种的玉米产量－高氮条件下对照品种的玉米产量)/高氮条件下对照品种的玉米产量≥5%(即高氮条件下相对于对照品种产量增加 5%以上);

D2-2:对照玉米品种的减产幅度－氮双高效型玉米杂交种的减产幅度>5%(即相对高氮条件下,自身在低氮条件下的减产幅度比对照品种减产幅度低 5%以上);

D2-3:所有参试品种(包括对照玉米品种)的减产幅度≥20%;

减产幅度＝[(高氮条件下杂交种的玉米产量－低氮条件下杂交种的玉米产量)/高氮条件下杂交种的玉米产量]×100%。

6.2.2.3 筛选实例

通过以上方法,筛选到一个以自交系 4-1 为母本,以掖 478 为父本,进行杂交,得到的氮双高效型杂交新组合,将其定名为中农 99(陈范骏等,2009)。株形为半紧凑,叶色淡绿,叶片窄长;穗上茎间距大,透光良好。植株高 239 cm,穗位高 85 cm。穗长 19.6 cm,穗粗5.1 cm。果穗筒形,籽粒黄色,半马齿形,穗粒重 155 g,千粒重 345 g,出籽率 72.94%。田间表现中抗纹枯病、大斑病和小斑病,高抗茎腐病。经农业部谷物品质监督检验测试中心(哈尔滨)分析:容重 720 g/L、粗蛋白 9.32%、粗脂肪 5.02%、粗淀粉 72.34%、赖氨酸 0.33%。

吐丝期根系中地下根层数为 8 层,地上部气生根 2～3 层;吐丝期根系中总根数为 60～70 条;吐丝期根的上部平展、吐丝期根的侧根总长达到 8 600 cm;熟相为中间型,穗部上下 3 片叶及以上叶片保持绿色不衰老。生育期 103 d,比对照品种农大 108 早熟 2 天;生育期积温 2 700℃;散粉期与吐丝期间隔小于 2 d。

(1)初筛结果:

产量评价指标(C)满足如下条件:

低氮低密:(中农 99 的玉米产量－农大 108 的玉米产量)/农大 108 的玉米产量＝

15.6%（满足≥10%）。

高密高氮：（中农 99 的玉米产量－农大 108 的玉米产量）/农大 108 的玉米产量＝11.7%（满足≥10%）。

（2）复筛结果：

氮效率评价指标（D）如下：

D2-1：（高氮条件下中农 99 的玉米产量－高氮条件下对照品种的玉米产量）/高氮条件下对照品种的玉米产量＝10.5%（满足≥5%）；

D2-2：中农 99 减产幅度＝（高氮条件下中农 99 的玉米产量－低氮条件下中农 99 的玉米产量）/高氮条件下中农 99 的玉米产量×100%＝30%，满足≥20%；

对照品种农大 108 减产幅度＝（高氮条件下农大 108 的玉米产量－低氮条件下农大 108 的玉米产量）/高氮条件下农大 108 的玉米产量×100%＝36%，满足≥20%；

中农 99 比对照品种减产幅度低 6%（满足低于 5%以上）。

6.2.3 基因型调控技术的潜力及效果

综合 2004—2008 年持续在中国农业大学昌平实验站施肥长期定位试验地进行的试验表明，施氮条件下平均产量亩产8 562 kg/hm²，比对照农大 108 增产 10.5%，不施氮条件下平均产量亩产 6 390 kg/hm²，比对照农大 108 增产 14%，相对农大 108 的节氮肥潜力达 33.7%。

2006—2007 年在山东惠民进行的 6 个氮水平试验，中农 99 不施氮条件下比对照品种农大 108 增产 37%，其他氮水平平均增产 28%（Cui et al,2009）。

2004—2005 年参加北京市区试（区试编号氮高效 1 号），平均亩产达 8 955 kg/hm²，比对照品种农大 108 增产 5.1%，其中 2004 年居春播区试 B 组 16 个参试组合的第 9 位，亩产 9 230 kg/hm²，比对照增产 1.5%；2005 年居春播区试 A 组 15 个参试组合的第 8 位，亩产 8 679 kg/hm²，比对照增产 8.6%。2005 年生产试验平均亩产 9 000 kg/hm²，比对照增产 14.7%，列 14 个参试组合的第 3 位。

2006 年参加山西省春播中晚熟玉米区试（区试编号 NE1），12 个点平均亩产 9 962 kg/hm²，比对照农大 108 增产 8.5%。2007 年参加山西省春播中晚熟玉米区试，13 个点平均亩产 10 805 kg/hm²，比对照农大 108 增产 10.7%，居 16 个品种第 9 位。2006—2007 年两年区试平均亩产 10 608 kg/hm²，比对照农大 108 增产 9.6%。2007 年参加山西省春播中晚熟玉米生产试验，12 个点平均亩产 10 410 kg/hm²，比对照农大 108 增产 4.5%，居 19 个品种第 11 位。

2006—2007 年两年参加广东省区试（区试编号 NE1），平均亩产分别为 6 390 kg/hm² 和 7 400 kg/hm²，2006 年与对照种农大 108 产量基本持平，2007 年比对照种增产 5.73%。2007 年生产试验平均亩产 7 581 kg/hm²，比对照种农大 108 增产 8.34%，参加汇总的 3 个试点有 2 个点亩产超过 7 500 kg/hm²，最高产的信宜点亩产达到 9 354 kg/hm²。

参考文献

陈范骏,米国华,张福锁. 2009. 氮高效玉米新品种中农 99 的选育. 作物杂志,(6):103-104.

方正,吕世华,张福锁. 1998. 不同小麦品种(品系)耐缺锰能力的比较研究. 植物营养与肥料学报,4:277-283.

李继云,刘秀娣,周伟,等. 1995. 有效利用土壤营养元素的作物育种新技术研究. 中国科学(B 辑),25(1):41-48.

刘学军,吕世华,张福锁,等. 1999. Mn 深度对不同基因型小麦缺 Mn 的影响. 应用生态学报,10:79-182.

米国华,陈范骏,春亮,等. 2007.氮高效型玉米品种的生物学特征. 植物营养与肥料学报,13(1):155-159.

米国华,汤利,张福锁. 1999. 两种熟相小麦籽粒建成期的氮素吸收与转运. 中国农业大学学报,4:53-57.

张福锁,等. 1998. 环境胁迫与植物根际营养. 北京,中国农业出版社,4-6.

张福锁,申建波,冯固. 2009. 根际生态学-过程与调控. 北京:中国农业大学出版社,27-61.

张福锁,申建波. 1999. 植物营养研究进展 // 中国农学会.植物保护和植物营养研究进展. 北京:中国农业出版社,458-469.

张福锁,申建波. 2007. 从根际过程到根际调控-土壤科学的研究前沿 // 中国农学会.植物保护和植物营养研究进展. 北京:中国农业出版社.

Adesemoye A O, Torbert H A, Kloepper J W. 2008. Enhanced plant nutrient use efficiency with PGPR and AMF in an integrated nutrient management system. Can J Microbiol,54:876-886.

Bänziger M, Edmeades G O, Beck D, et al. 2000. Breeding for Drought and Nitrogen Stress Tolerance in Maize:From Theory to Practice. Mexico, D. F:CIMMYT.

Caldwell M M. 1994. Exploiting nutrients in fertile soil microsites. Exploitation of environmental heterogeneity by plants. Academic Press, San Diego, CA, USA, pp. 325-347.

Cole C V, Grunes D L, Porter J K, Olsen S R. The effects of nitrogen on short-term phosphorus absorption and translocation in corn (Zea mays). Soil Sci. Soc. Am. J. 1963 (27):671-673.

Cui Z L, Chen X P, Mi G H,et al. 2009. Interaction between genotypic difference and nitrogen management strategy in determining nitrogen use efficiency of summer maize. Plant Soil,317:267-276.

Dodd I C. 2009. Rhizosphere manipulations to maximise 'crop per drop' during deficit irrigation. Journal of Experimental Botany,60 (9):2454-2459.

Fitter A H. 1994. Architecture and biomass allocation as components of the plastic response of root systems to soil heterogeneity. Exploitation of environmental heterogeneity by plants: Ecophysiologicalprocesses Above-and belowground (eds Caldwell, M. M. & Pearcy, R. M.), PP. 305-323. Academic Press, San Diego.

George E, Römheld V, Marschner H. 1994. Contribution of mycorrhizal fungi to micronutrient uptake by plants. In: Manthey JA, Crowley DE, Luster DG (eds) Biochemistry of metal micronutrients in the rhizosphere. Lewis, London, 93-109.

Hinsinger P, Plassard C, Tang C, et al. 2003. Origins of root-mediated pH changes in the rhizosphere and their responses to environmental constraints: A review. Plant Soil, (248): 43-59.

Jing J, Rui Y, Zhang F, et al. 2010. Localized application of phosphorus and ammonium improves growth of maize seedlings by stimulating root proliferation and rhizosphere acidification. Field Crops Res,(119): 355-364.

Jing J, Zhang F, Rengel Z. 2012. Localized fertilization with P plus N elicits an ammonium-dependent enhancement of maize root growth and nutrient uptake. Field Crops Res, (133): 176-185.

Mahall B E, Callaway R M. 1991. Root communication among desert shrubs. Proceedings of the National Academy of Sciences, 88(3): 874-876.

Mahall B E, Callaway R M. 1992. Root communication mechanisms and intracommunity distributions of two Mojave Desert shrubs. Ecology, 73(6): 2145-2151.

Marschner H. 1995. Mineral Nutrition of Higher Plants. 2nd Edition. Academic Press, London.

Mi G H, Chen F J, Wu Q P, et al. 2010. Ideotype root architecture system for efficient nitrogen acquisition in maize in intensive cropping system. Science China Life Sciences, 53,12: 1369-1373.

Sattelmacher B, Klotz F, Marschner H. 1990. Influence of the nitrogen level on root growth and morphology of two potato varieties differing in nitrogen acquisition. Plant and Soil, 123(2): 131-137.

Smith S E, Read D J. 1997. Mycorrhizal symbiosis, 2nd edition. London: Academic Press.

Stahl P D, Schuman G E, Frost S M, et al. 1998. Arbuscularmycorrhizae and water stress tolerance of Wyoming big sagebrush seedlings. Soil Sci Soc Am, J,62:1309-1313.

Taylor A R, Bloom A J. 1998. Ammonium, nitrate, and proton fluxes along the maize root. Plant, Cell and Environment,(21): 1255-1263.

Thien S J, Mceff W W. 1970. Influence of nitrogen on phosphorus absorption and translocation in Zea mays. Soil Sci. Soc. Am. J. ,(34): 87-90.

Vessey J K. 2003. Plant growth promoting rhizobacteria as biofertilizers. Plant Soil 255: 571-586.

Zhang F, Shen J, Zhang J, et al. 2010. Rhizosphere Processes and Management for Improving Nutrient Use Efficiency and Crop Productivity：Implications for China. Adv. Agron,(107)：1-32.

Zhang Q F. 2007. Strategies for developing Green Super Rice. PNAS 104 （42）：16402-16409.

Zhang X，Yi C，Zhang F S. 1999. Iron accumulation in root apoplasm of dicotyledonous and graminaceous species grown on calcareous soil. New phytol，141:27-31.

（荆晶莹、金可默、李隆、冯固、申建波、陈范骏、米国华、袁力行）

第**7**章

区域养分管理技术

养分管理不仅仅是田块尺度的问题，还需要从区域尺度考虑。区域养分管理技术的制定除了要根据区域特点、将前面各章单项技术组装配套之外，还需要采用一些适合于大区域应用的技术和策略，本章将进行简要介绍。

7.1 区域农田养分分区管理技术

7.1.1 技术概述

一个区域的作物生产，往往分布在大量的田块上。由于作物种植历史、土壤性质、养分管理等的不同，田块之间土壤肥力存在较大差异，理论上应该进行精准管理。但考虑到我国农业生产实际情况和可操作性，在区域层次（如县域或更大尺度），可以采取养分分区管理的策略（张福锁等，2006）。养分分区管理技术是测土配方施肥项目中最常用的技术，主要是根据农田养分状况和作物产量等性状进行分区，再根据区域特点制定区域养分管理方案，然后指导农民实施。该技术的优点是适合目前中国国情，便于操作和实施，农民容易接受，可以通过配方肥进行技术物化。但技术不足是有些田块针对性差，需要进行适当调整。该技术适用于大田作物和土壤条件变异相对较小的地区。

7.1.2 技术原理

7.1.2.1 养分管理分区的划分原则

养分管理主要采用相对一致性的原则进行分区，同一地区，不同作物和不同养分的分区可以不一致。对于一个区域,种植的每种作物均可以根据土壤类型、土壤质地、土壤测试数据、气候条件、作物产量水平等划分为几个养分管理类型区。例如,可以根据作物产量水平分为低、中、高等亚区,然后制定相应的养分管理策略;还可以根据土壤速效磷含量分为高磷、中磷、低磷等不同磷素管理类型区;也可以同时结合上述产量水平和土壤速效磷两种指标进行养分管理类型区的划分。分区的多少与考虑因素的多少有关,一个区域不宜划分太多的分区,对于县域分区来说,一般 3～5 个分区较为适宜,对于多出的分区,可以根据其占总面积的比例进行合并,然后在具体实施过程中再进行小的调整。

7.1.2.2 分区养分管理技术的推荐依据

在养分管理分区划分好之后,就要根据各个类型区土壤、作物等特点,进行高产高效养分管理技术的推荐。要根据不同养分的资源特征,采用不同的管理策略。如氮肥推荐可以采用"总量控制、分期调控"的原则,有条件的地方进行实时实地管理;磷钾肥则采用"恒量监控"的原则进行推荐;中微量元素采用"因缺补缺"的原则进行管理。具体技术方法参见前面各章的论述。

7.1.2.3 分区养分管理技术的实施

分区养分管理技术的落实主要包括两条途径:一条途径是借助于专业技术人员给予农民技术服务和指导,将技术传播到农民手中,由农民根据自身的实际情况进行施肥和养分管理实践;另一条途径是将养分管理技术进行物化,制成肥料产品,通过肥料的供应和施用,将技术应用到作物生产中。在德国等发达国家,技术推广服务有三种类型,一是国家公益性农业技术推广体系;二是化肥生产和销售企业的农化服务体系;三是私人的咨询公司。他们的整个技术服务是通过三者的竞争来完成,而在我国,养分管理技术的推广主要由前两套体系,即隶属于农业部门的公益性技术推广体系和肥料生产经销部门的农化服务体系来完成,并且以前者为主(张福锁等,2006)。在目前我国小农户经营体制下,有限的公益性技术服务人员难以满足众多农户急需技术指导的状况将长久存在,因此,分区养分管理技术的实施要靠上述两种体系来共同完成。

7.1.3 技术内容

7.1.3.1 养分分区技术

以养分管理为目的的养分分区技术发展很快,目前最常用的分区依据是土壤养分测试结果。近年来,随着计算机技术和信息技术的发展,特别是模型、地统计学和地理信息系统等技术的发展,开展土壤养分的分区工作就变得更为容易。据张福锁等(2011)主编的《测土配方施肥技术》一书介绍,依据土壤养分测试结果进行分区包括以下的步骤:①区域土壤采样点的确定;②田间采样;③数据测定与读取;④地统计学分析;⑤土壤养分分区及其分区图制作。

目前,随着测土配方施肥项目的深入开展,土壤样品采集、分析以及数据库的建立工作各县均有一定基础,具有开展养分分区的条件和技术。

7.1.3.2　区域肥料用量的制定

1. 氮肥用量的推荐

根据养分分区结果,每一个分区均需给出氮肥总量以及基肥和追肥的用量推荐,目前常用的技术是"总量控制、分期调控"。该技术首先在播前确定氮肥总量,再依据底追比例确定基肥氮量,实现"总量控制"的目的;在作物生长期间,再根据作物生长情况,对原来计划的追氮量进行适当调整,通过"分期调控",实现氮素的优化管理。确定氮肥总量的方法很多,可以参考前面章节介绍的方法;也可以根据该类型区的具体情况,从一些参考书中查找,如《中国主要作物施肥指南》一书中就给出了主要作物的氮肥推荐用量(张福锁等,2009)。张福锁等(2011)主编的《测土配方施肥技术》一书中介绍了一种依据作物需氮量、土壤供氮量、不可避免的氮素损失量等因素确定氮肥施用总量的方法,计算公式如下:

$$作物氮肥施用总量＝作物需氮量－土壤供氮量＋氮素损失量$$

对于作物需氮量,可以根据目标产量和形成百千克经济产量需氮量来确定;土壤供氮量可以根据无氮区作物吸氮量来确定,即总结该类型区大量田间试验中无氮区作物吸氮量结果来获得;也可以根据土壤供氮与其他土壤条件如土壤有机质含量等关系来确定;氮素损失量是一个变异大、难确定的参数,其与施氮时间、施氮方法、水分管理、氮素用量、土壤性质等均有关系,一般可以通过总结田间试验结果进行归纳。

2. 磷钾肥用量的确定

针对各类型区土壤速效磷和速效钾的分级状况,采用前面章节介绍的磷钾肥恒量监控技术来确定。

7.1.3.3　区域肥料配方的制定技术

制定区域配方是目前测土配方施肥中最常用的技术,其方法也有多种。比较简便的一种是直接利用该类型区上述氮肥基肥用量、磷钾肥用量的推荐结果,按照氮磷钾养分比例,以满足作物生长发育需要、适合肥料加工和施用方便为原则,转化成适合配方肥生产的基肥肥料配方。如果利用地统计学和地理信息系统进行了养分分区,也可以在此基础上进行肥料配方的制定,其制定中需要选用合适的肥料用量推荐模型,具体计算方法可以参考《测土配方施肥技术》(张福锁等,2011)。

7.1.3.4　养分分区管理技术的推广应用

公益性的养分管理技术推广主要通过培训、发放技术资料、田间示范等途径将技术传播给农民,由农民根据自身的实际情况做出购买肥料品种和数量的决策,然后实施施肥和管理实践。这种方式是完全公益性的,一般不向农民收取额外费用。非公益性的养分技术的推广主要借助于肥料生产经营企业的农化服务体系。农化服务是以化肥产品为中心,以农民和耕地为服务对象,应用系统工程和农业化学基本原理对化肥生产、流通、二次加工和施用予以科学的组织、协调和指导,以最大限度地为企业获得顾客,从而提高农民与企业的经济效益。农化服务体系的完善程度和服务水平反映一个地区乃至一个国家农业生产水平和农用化学工业的发展水平,在许多发达国家备受重视。农化服务组织形式因发展水平不一致和为农民提供的生产服务、技术服务、物质供应、销售服务等的不同而各有侧重(张福锁等,2006)。但目前我国企业农化服务体系正在建立,技术服务能力还比较薄弱;同时,企业掌握的土壤测试数据还比较少,还远远不能满足高产高效养分分区管理的需要。

比较好的解决方案是农业科研推广部门与肥料企业建立良好的合作关系,由农业相关部门根据各个类型区养分特征,提出区域大配方,由肥料企业生产;双方共同进行技术推广和肥料供应。如图7.1所示,农业科研部门研究不同区域土壤与不同作物的生长和营养特点,根据作物和土壤特点以及农业生产高产、优质的要求,提供系列配方肥(或BB肥)大配方,然后企业生产并由企业经销,供给农民施用;同时,也可给农民提供不同的施肥套餐,以满足合理施肥的要求。提供的专用肥配方和施肥套餐由参与项目合作的化肥生产、经营企业进行生产加工以及推广,同时与各地的农业技术部门联合推广合理施肥的方法和技术。

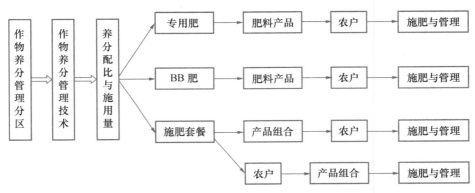

图7.1 农田养分分区管理中的肥料推荐和供应(张福锁等,2006)

7.1.4 技术应用与效果

我国养分分区管理技术在很早之前就得到了研究和应用。20世纪80年代,毛达如、陈伦寿等根据土壤肥力进行分区,采用肥料效应函数方法进行分区施肥量的推荐;朱兆良建议采用按区域采用平均适宜施氮量的方法进行区域氮素管理。近年来,随着测土配方施肥项目的推进,区域养分分区管理技术得到广泛应用。如张福锁等(2011)提出的"大配方、小调整"的配方肥发展策略已经成为测土配方施肥技术发展的指导原则。该技术经在东北玉米、安徽水稻、河北小麦等地试验示范,取得了显著的增产增效作用(张福锁等,2011)。

7.2 区域农牧结合养分管理技术

7.2.1 技术概述

随着中国人口增加、社会经济发展和食物结构的改善,人们对畜产品的需求大幅度增加。自 20 世纪 80 年代初期至今,城镇和农村居民消费的动物性食品蛋白占总食品蛋白消费量的比例均上升了 20 个百分点(魏静,2008)。在此需求拉动下,我国畜牧业也得到了快速发展。与 1980 年相比,2010 年猪肉、牛肉、羊肉、牛奶以及禽蛋年产量分别增长了 3.5 倍、23.3 倍、8.0 倍、39.5 倍和 4.2 倍(中国统计年鉴,2011)。畜牧业产值在农林牧渔总产值中的比重已由 1978 年的 15% 提高到了 2010 年的 30%(中国农业统计资料,2010),标志着我国畜牧业已逐渐由家庭副业发展成为最具活力的农业支柱产业。

当前,我国畜牧业正处在由传统生产方式向现代生产方式转变的关键时期,规模化、集约化和产业化程度逐年提高,但同时也正面临着不断增加的饲料需求和日益严峻的资源环境双重压力(韩俊等,2005;王方浩等,2006;王济民等,2006),并由此对粮食安全和生态环境构成严重威胁(韩俊等,2005)。在资源方面,我国动物生产体系氮磷养分利用效率明显低于作物生产体系,即生产单位动物产品的资源消耗较高于生产单位作物产品的消耗(Ma et al.,2010)。同时与发达国家畜牧业相比也表现出较低生产水平,因此,日益扩大的畜牧养殖产业使得我国资源消耗问题更加严重。在环境方面,近年来我国畜禽养殖模式由农户散养向小区养殖和集约化养殖快速转变,然而与其配套的粪尿储藏处理技术并未得到相应的开发和应用。此外,规模化养殖场周边可供消纳动物粪尿的农田面积十分有限,一方面导致农田有机肥养分承载量过高,另一方面导致大量动物粪尿未能有效循环利用,加剧其向周围环境的排放(Wang et al.,2010)。畜牧业环境污染的控制问题国际上已经进行了大量探索,其中最有效途径就是在掌握农牧结合生产体系养分流动规律基础上,协调畜牧业发展与周边作物生产的关系,实现氮磷的合理循环(Oenema et al.,2004),如早在 1991 年,欧盟就通过硝酸盐法令,将农田动物粪尿氮的承载量控制在 170 kg/hm² 以下。因此,通过区域农牧结合养分管理技术的实施,协调作物生产和畜牧产业的关系,在充分保障饲料供应和畜牧业健康发展的同时,又能兼顾环境的氮磷可承载能力、改善生态环境质量,已经成为农牧业可持续发展急需解决的问题(马文奇等,2008;王方浩,2008)。

7.2.2 技术原理

氮磷等养分既是动植物必需的营养元素,也是环境污染因子,其在作物-畜牧生产系统的流动状况直接关系到动植物生产性能和环境效应(马文奇等,2008;王方浩,2008)。作物收获的氮磷养分,通过饲料进入畜牧生产系统,其中少部分能够被动物活体吸收利用,而大部分则以粪尿形式排出动物体外;粪尿中氮磷一部分可通过粪肥还田返回作物生产体系,而另一部分则通过各种损失途径进入大气和水体进而污染周边环境。因此,依照质量守恒定律,基于物质流分析方法,定性并定量化上述的农牧生产体系的养分流动,深入揭示养分流动特征,从而为提高动植物生产养分利用效率、实现动植物体系间养分高效循环、降低其环境污染潜力提供科学的理论依据和可行的优化途径。

区域农牧生产体系养分资源综合管理的主要理论基础是:

7.2.2.1 针对不同农牧结合模式制定策略实现动物粪尿养分循环的最大化

随着畜牧业生产由农户散养向小区养殖、集约化养殖的发展,其农牧生产结合的紧密程度也发生了变化,动物粪尿养分回田的难度增加,养分循环的比例逐年下降,大幅度增加了养分向环境的排放。因此,制定区域农牧结合养分管理技术时要根据不同的农牧结合模式制定相应的措施,尽可能实现动物粪尿养分循环的最大化。

7.2.2.2 根据不同作物和土壤类型考虑相应的农田养分容纳数量的有限性

在我国,施用有机肥一直被认为是提高土壤肥力的重要措施,但近年来随着人们对环境问题的关注,人们发现当有机肥施用量超过一定限度后,也会造成环境的污染。近年来,欧美国家均制定了有机肥限量施用的标准,从法律上限制了有机肥的过量施用。因此,区域农牧结合养分管理技术在实现动物粪尿循环利用最大化的同时,还应该关注农田养分容纳养分的有限性。

7.2.2.3 针对不同养殖规模制定策略实现畜牧养分损失的最小化

在畜牧业生产过程中,有很多的养分损失途径,首先是在畜舍粪尿收集和储存过程,其次是粪尿处理等环节。不同集约化程度的养殖场其生产条件和粪尿处理技术存在一定差异,进而影响粪尿养分损失的因素也有所不同。特别是在一些养殖规模比较大的养殖场,粪尿处理能力有限,存在粪尿直接堆放和排放环境的问题,造成了严重的环境影响。因此,制定区域农牧结合养分管理技术时要尽可能针对不同养殖规模和各主要生产环节采取相应措施,减少畜牧生产过程中养分向环境的损失。

7.2.3 技术内容

区域农牧生产体系综合养分管理应综合考虑以下 5 个方面:①纵向角度(vertical dimension)或食物链角度,即综合考虑动植物食品生产和消费过程中的每个环节;②横向角度(horizontal organization),即综合考虑每个环节中的不同活动单体,例如同时考虑种植环节中的多种作物体系,养殖环节中的多个动物类型;③多元素综合管理(integration of other elements and compounds),即在针对某个养分元素的环境效应进行研究时应该综合考虑它的多种形态,还应同时考虑与该元素产生相同环境效应的其他元素;④考虑各个受益者的利益(stakeholder involvement and integration),即在进行养分管理特别是相关政策制定过程中,各个受益者(包括农民,食品生产商,消费者和政策制定者等)之间应该相互沟通,尽可能使其制定的政策符合大多数人的利益;⑤区域整合(regional integration),即加强区域间合作,使得养分管理措施在不同区域间得到广泛应用,从而构建统一的管理平台(onenema et al, 2011)。

区域农牧结合养分管理技术涉及整个农牧养分流动过程,各个节点均可采取措施,进行养分管理(图 7.2)。

7.2.3.1 饲料养分管理技术

饲料作为动物生产体系养分的输入物质,其结构、数量等均影响到该系统的养分流动,同时,饲料需求也影响作物生产和收获物的利用进而影响农田养分流动。目前关于饲料的

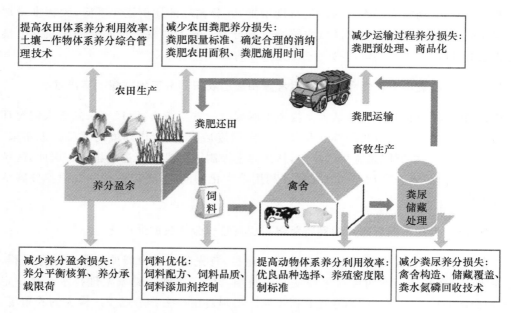

图7.2 区域农牧结合养分管理技术目标与要点

政策还不很多,只是对饲料添加剂有一些规定。饲料添加剂的过量利用也已经带来了一些负面影响,如重金属污染问题。因此,饲料养分管理政策已经成为十分必要的政策。

　　动物生产体系养分管理技术的着眼点和植物体系类似,也需要从三方面考虑,一是养分输入的管理,包括饲料养分含量、组成、配比以及饲料供应时间等;二是动物生长发育过程的调节,如品种的选择、畜舍的构成、养殖方式等措施;三是养分输出的控制,如减少粪尿养分损失的技术、粪尿储存技术、粪尿处理技术等。这些技术已经引起人们的重视,如改进饲料配方,用氨基酸替代蛋白质,每减1%粗蛋白可以减少动物氮排放9%;采用阶段饲喂,拟合养分需求,N和P排放减少6%~15%;植酸酶的应用可以减少25%~50%P排放(张福锁,2006)。

7.2.3.2　农牧生产规模匹配技术

　　改变动物生产结构和调节动物生产分布等政策都会影响到区域养分流动,这些部分也是以实现区域农牧养分调控为目标的养分管理政策的着眼点。不同类型的动物生产体系具有各自的养分流动特征,其养分利用效率、饲料需求量、动物产品产量、粪尿产生量以及环境污染潜力等方面均存在差异。如不同畜禽品种的氮、磷养分利用效率差异很大,猪养殖中氮、磷效率分别为34.45%、12.48%;家禽养殖中氮、磷效率分别为28.33%、7.54%;肉牛养殖中氮、磷效率分别为4.46%、1.69%;羊养殖中氮、磷效率分别为3.79%、0.81%,猪养殖中的氮、磷效率比羊养殖中高8.09倍、14.41倍(Zhang et al.,2005)。

　　调整动物生产规模也是进行区域农牧结合养分管理的核心策略。我国传统的动物饲养模式是农户散养,但由于经济效益和疾病防疫等原因现在大力发展了集约化养殖模式,也出现了许多专业化养殖户、村、镇、县等。目前我国猪、奶牛、肉牛、羊、蛋鸡、肉鸡规模化养殖的比例分别为20.0%、25.9%、17.7%、2.6%、50.0%、67.0%。发展集约化畜禽养殖已经成为地方政府的追求,然而这也使得研究区域,特别是养殖高密度区,实现饲料生产与消费平衡和畜禽粪尿养分优化管理提出了巨大的挑战(马林等,2009)。研究表明我国集约化农业生产区不同种植体系间有机肥施用量存在显著差异(Ju et al.,2006;Hou et al.,2012)。因此,在考虑区域作物种植结构和农田种植面积的情况下,合理调整动物养殖密度从而实现农牧生产规模完美匹配(Wang et al.,2010;侯勇等,2012)。一些发达国家已经从保护环境的角度出台了相应的政策,如德国就控制养殖规模在每公顷不能超过2个动物生命单位(LU,500 kg),以防止过高的养殖密度带来的环境污染问题。

7.2.3.3　动物粪尿储存与处理技术

动物粪尿养分管理是动物生产体系养分管理政策制定的重要着眼点。出于环境保护的考虑,欧美一些国家对于动物畜舍类型、粪尿收集和储存方法、粪尿处理方式、粪尿交易等都有明确规定。荷兰政府很早就制订了对粪肥养分管理的政策,到目前已经经历了3个阶段。第一阶段是1984—1990年,采用了猪和禽的粪肥生产配额、建立补贴的粪肥销售系统、限制粪肥施用等措施;第二阶段是1990—1998年,采取了更严格限制粪肥施用(时间、数量和方法)的措施、低排放粪肥施用方法的应用、带覆盖的粪肥储存系统和粪肥加工试验工场以及猪和禽数量配额等;第三阶段是从1998年开始,采用了养分核算系统MINAS(1998—2006),核算粪尿养分数量,养殖场需要签订粪肥转移协定MTA(2001—2003),采用"集约化畜牧场的生产许可证"等措施。通过这些措施的实行,有效地降低了粪肥氮磷养分的污染问题(Oenema et al.,2004)。

7.2.3.4　农田动物粪肥施用和化肥养分管理技术

农田养分投入直接关系到作物产量和环境质量,因此,养分投入数量和时间也是动植物食品生产环节最受关注的政策控制点。长期以来,我国一直把养分投入作为作物增产的重要措施,因此,从政策上一直在鼓励农民投入比较多的化肥和有机肥,如当肥料价格上涨时,我国政府就会出台一些限制价格上涨的政策,或者给予农民补贴。2004年为促进粮食恢复增长,国家就出台化肥限价和化肥生产补贴政策,目前为鼓励有机肥投入,又开始建立有机肥补贴的试点。但欧美发达国家鉴于环境压力,已经出台了一些限制化肥和有机肥投入的政策法规,如前面已经提到的有机肥投入量要低于170 kg/hm² N,荷兰2006年也开始执行化肥投入限量的新政策。在养分投入限制上,不但限制数量,有的还限制投入的时期,如德国等国家就限制在节假日不能施用有机肥。

农田养分管理技术主要目标是提高作物产量的同时来提高养分效率和减少养分环境排放。其主要以满足高产和优质农作物生产的养分需求为目标,在定量化土壤和环境有效养分供应的基础上,以施肥(化肥和有机肥)为主要的调控手段,通过施肥数量、时期、方法和肥料形态等技术的应用,实现作物养分需求与来自土壤、环境和肥料的养分资源供应在空间上的一致和在时间的同步,同时通过综合的生产管理措施(灌溉、保护性耕作、高产栽培等)提高养分资源利用效率(张福锁等,2006)。其技术控制点既包括各种养分输入数量的调节,也包括养分产出的控制,还包括养分供需时空动态的调控,强调各种技术的综合。

7.2.3.5　农田养分盈余监控技术

监测养分土壤残留和核算养分平衡也是农田养分环境政策的重要控制指标。如荷兰在1998—2005 年实行的 MINAS 核算系统,就是通过每年年底核算每一个农场养分平衡状况来确定农场是不是会带来环境影响,进而要不要采取惩罚措施。MINAS 的含义是农场 N 和 P 养分平衡计算,其指标用养分盈余来表示,公式如下:

$$盈余 = 输入 N(P) - 输出 N(P)$$

其中输入部分包括化肥、有机肥、大气沉降和生物固氮等;输出部分主要是农场的农牧产品,包括作物产品和动物产品。然后根据盈余确定 2 种盈余水平,包括:免税的盈余即"不收费的盈余量"(表 7.1);征税盈余即"超过免税盈余的数量"(张福锁,2006)。

表 7.1　荷兰农田养分盈余免税标准(张福锁,2006)　　　　　　　　　　　kg/hm²

养分元素	土地利用类型	土壤质地	免税养分盈余标准				
			1998 年	2000 年	2001 年	2002 年	2003 年
氮(N)	草地	干沙土	300	275	250	190	140
		其他	300	275	250	220	180
	农田	干沙土	175	150	125	100	60
		其他	175	150	150	150	100
磷(P)	草地		17.5	15.3	15.3	10.9	8.7
	农田		17.5	15.3	15.3	13.1	10.9

在 1998—2002 年期间,其征税标准为,年盈余氮按照 0.68 €/(kg·hm²)核收,磷按照 2.6~10.4 €/(kg·hm²),具体依据过量情况确定;从 2002 年开始,年盈余氮按照 2.53~5.07 €/(kg·hm²)核收,磷按照 20.60 €/(kg·hm²),具体依据过量情况确定(张福锁,2006)。

这类政策的好处是核算比较准确,采取的是谁污染谁付费的原则,但缺点是属于污染之后的惩罚,而不是污染之前的预防,因此,欧盟更倾向于应用投入量的限量标准。荷兰由于采取了这样的政策而没有采取投入限量标准,因此被欧盟法庭处于罚款 3 亿欧元的处罚(Oenema,et al.,2007)。

7.2.4　技术应用与效果

众多的研究结果表明,通过控制畜禽个体和农场养分流动、建立区域或全球尺度政策法规均可减少畜牧业环境影响(Bouwman et al.,1997;Smil et al.,1999)。Steinfeld 等(2006)分析了畜牧业发展对生态环境各方面产生的影响,提出了针对全球不同区域的技术途径和政策思路以改善现状。欧盟研究表明,应用养分流动分析法所确立的综合养分管理技术措施和政策法规,可以有效地提高畜禽生产系统养分利用效率,减少养分环境排放,并能提高经济收益 25%(Oenema et al.,2009)。在荷兰,基于养分流动分析的养分核算(MINAS)系统成为农场氮磷管理法规的主要工具(Oenema et al.,2004)。

在养殖场尺度上,改变饲料结构、改进喂饲方式、采用科学的饲养管理和动物废弃物的循环利用,可使环境污染程度降低 15%～45%(Forbes et al.,2005);采用有机奶牛场的管理方式或优化常规奶牛场的氮磷管理措施都可以有效降低氮磷盈余量(Calker et al.,2008);而增加氮素在作物-奶牛体系的内部循环,可使地下水的硝态氮的含量从 220 mg/L下降到 55 mg/L(Aarts et al.,2001)。另外,通过培育和利用低蛋白质饲料、低植酸磷和高无机磷的饲料作物、粪尿干湿分离、饲舍覆草、粪尿沼气处理、控制粪尿施用时间和施肥方式等手段,均可提高动物对氮和磷的吸收利用效率、减少粪尿环境排放(Tamminga et al.,2003;Oenema et al.,2007;Raboy et al.,2007)。

7.3　流域环境友好型养分管理技术

7.3.1　技术概述

流域是由分水线所包围的河流或湖泊的地面集水区和地下集水区的总和。平时所称的流域,一般都指地面集水区。一般来讲,河流或湖泊都有自己的流域,一个大流域可以按照水系等级分成数个小流域,小流域又可以分成更小的流域等(罗宏和冯慧娟,2011)。在流域内。氮磷等养分会随着水分的流动而迁移到河流或湖泊,从而造成水体的污染。而近年来,随着流域内农牧业发展,土壤氮磷负荷大幅度增加,导致河流或湖泊水体氮磷污染的加重,人们对流域尺度养分管理技术的发展越来越重视。流域尺度养分管理,主要以环境友好为目标,通过各种措施,减少氮磷向水体特别是地表水的迁移,以防治水体富营养化。

7.3.2　技术原理

流域内氮磷等养分要迁移到水体,必须具备 2 个条件,一是有足够的养分来源,二是具有养分迁移的条件。因此,流域环境友好型养分管理技术的制定,就需要围绕这两个条件来进行。

7.3.2.1　划分养分迁移敏感区

在一个流域内,受地形、土地利用、农牧业管理等因素影响,不同区域养分向水体的迁移能力有很大的不同,因此,需要在系统研究流域氮磷养分迁移规律的基础上,根据各个区域养分迁移的敏感性进行分区管理。

7.3.2.2　控制养分排放和土壤养分积累

源控制是降低水体氮磷污染的一个重要途径。流域内水体氮磷除了工业来源之外,还包括农田、畜牧养殖和家庭生活等来源。对于工业来源,要通过政策法规的手段,强制达标排放。对于畜牧养殖和家庭生活的氮磷养分,要加强垃圾、粪尿、污水的管理,通过密闭储存和全面处理,防止养分损失和直接向水体的排放,尽量通过堆肥、沼肥等技术进行养分的农田循环利用。同时,也要注意养殖规模与农田的匹配,防止农田养分承载过量。对于农田来说,其产生养分迁移的一个重要条件是土壤累积了过多的氮磷等养分,而控制养分的农田输入和提高作物养分利用效率是降低土壤养分累积的重要途径。

7.3.2.3 减少水土流失,降低径流液养分浓度

控制径流水量和降低径流液氮磷养分浓度是控制水体氮磷污染的另一个重要途径。通过耕作措施、轮作、等高种植、梯田等措施防止水土流失;建立适当人工湿地、植被缓冲带和河岸交错带等生态工程技术控制暴雨径流、截留污氮磷养分;农田和水体之间设立由林、草或湿地植物组成的缓冲区,对氮磷等养分进行阻截、吸收和转化;从而达到降低水体氮磷养分浓度的目的。

7.3.3 技术内容

7.3.3.1 流域养分核算技术

流域不但是一个自然的集水区域,还是由水、土地、生物等自然要素与社会、经济等人文要素组成的环境—经济复合系统,养分来源十分复杂。因此,进行养分监测和核算,摸清养分流动和迁移规律是进行养分管理的前提。首先,应该在流域内设置常年监测点,测定迁移到水体的氮磷浓度和通量;然后,采用模型技术,测算各种来源养分的数量及其对水体的贡献,找到关键控制点。可以进行养分核算的模型很多,如 SWAT 模型、AGNPS 模型等。AGNPS 模型是美国研发的用于模拟小流域土壤侵蚀、养分流失和预测评价农业非点源污染状况的计算机模型。SWAT(Soil and Water Assessment Tool)也是美国开发的一种基于GIS 基础之上的分布式流域水文模型,主要是利用遥感和地理信息系统提供的空间信息模拟多种不同的水文物理化学过程。SWAT 模拟的流域水文过程分为水循环的陆面部分(即产流和坡面汇流部分)和水循环的水面部分(即河道汇流部分)。前者控制着每个子流域内主河道的水、沙、营养物质和化学物质等的输入量;后者决定水、沙等物质从河网向流域出口的输移运动。整个水分循环系统遵循水量平衡规律。

7.3.3.2 农田养分最佳管理技术

控制农田养分输入量、降低土壤养分残留是流域养分管理的重要途径,而农田最佳养分管理技术是其中的关键技术之一,其核心就是利用前面介绍的农田养分管理技术,实现养分供应时间、数量、品种和位置的最佳,以提高养分利用效率,减少养分损失,进而降低氮磷等养分环境污染的风险。

7.3.3.3 农牧场养分管理计划

一些国家非常重视流域内农牧场养分管理,要求各个农牧场制订详细的养分管理计划,以防治粪尿养分的流失。如美国特拉华州通过立法,要求所辖区域内养殖密度超过 8 个动物单位的畜牧场必须制定养分管理计划。同时,要求养分管理计划制定者必须有一定资质,

通过专门培训并获得证书。养分管理计划包括畜牧场基本信息如动物种类和数量、动物粪尿储存和利用计划如动物粪尿储存和处理方法、每年动物粪尿运出数量和地点等、农田养分利用的计划如作物种类和面积、作物产量目标和养分需求、土壤和粪尿养分测试结果、计划施用养分的时间和数量,其中对于高磷土壤,磷的施用量要低于 3 年作物带走量。

7.3.3.4 土壤侵蚀防治和径流控制技术

土壤侵蚀防治技术包括耕作措施、轮作、等高种植、梯田等措施。

径流控制技术主要是一些生态工程技术措施,如建立适当人工湿地、植被缓冲带和河岸交错带等生态工程技术控制暴雨径流、截留污氮磷养分;农田和水体之间设立由林、草或湿地植物组成的缓冲区,对氮磷等养分进行阻截、吸收和转化。

7.3.4 技术应用与效果

磷指数评价法是确定流域内磷流失的关键源区和进行合理的农业非点源污染控制的有效方法。国外很早就认识到了非点源磷污染评价在非点源磷污染控制和管理中的作用,并在这方面做了许多工作(周慧平等,2005)。根据评价方法的不同,国外磷指数评价法可以分为两个发展阶段:1993—2000 年为第一阶段,以 Lemunyon 和 Gilbert 提出的磷指数评价法为代表,首次综合考虑了多因子相互作用下农业区域 P 流失的敏感性大小,具有简单、实用的优点,但仅适用于小尺度且性质相对均一的流域;2000 年以后以 Gburek 等提出的磷指数评价法为代表。在增加考虑污染源与河流距离这一因子的同时,他们对 Lemunyon 和 Gilbert 的评价指标体系进行了修正,使其推广应用到不同尺度的流域范围内,并提出了"关键源区"的概念和明确区分了污染源因子(如土壤性质、农田特征、化肥和有机肥的使用量及使用方式等)和污染迁移扩散因子(如地表径流、土壤侵蚀过程及农田距河流的距离),同时指出了上述两因子是否同时存在也是确定关键源区的重要依据。经过不断发展完善,磷指数评价法在国外得到了广泛的应用,并已经构建了适用于当地的磷指数指标评价体系。例如,Heathwaite 等提供了一个应用于欧洲农业背景下的磷流失风险评价的决策支持框架,并提出了适用于欧洲的磷指数评价指标体系。此外,早在 1999 年美国农业部和美国环保署就出台了专门的国家政策和指导方针来指导农业养分管理,并在全国范围内推荐将磷指数评价法应用到磷养分管理计划发展中(张淑荣等,2001;李琪等,2006)。

虽然我国的学者在农业非点源磷污染的控制和治理方面也做了大量工作,提出了很多控制和治理方法,但由于缺乏有效的评价方法的支持,所以无法有针对性地实施控制措施,导致了磷素管理上的盲目性。目前,我国还没有建立起适合本国特点的流域农业非点源磷污染评价指标体系和方法(张淑荣等,2001;李琪等,2006)。因此,今后,我国应在国外相关研究的基础上,针对各地区的非点源污染特点,在评价指标体系的完善和方法模型的改进与验证上进行重点研究,从而为我国开展流域农业非点源养分管理提供科学指导。近期,李琪等(2007)在分析流域尺度磷流失危险与分级方案的基础上,根据 Gburek 等提出的方法,初步建立了适合我国北方农业区流域尺度磷流失危险评价、分级与关键源区识别的方法。

7.4 区域农户和农村养分循环管理技术

7.4.1 技术概述

目前中国农户是农业生产的基本单位,类似于国外的农场,也是养分资源综合管理的主体。我国农民受到的农业知识教育水平也比较低,据调查,农民文化水平超过高中的比例不到 20%,多数在初中以下。农民对科学施肥的知识了解得很不够,多数农民只注重产量而缺乏必要的环境保护意识。此外,传统的有机肥投入逐渐被农民抛弃而倾向于施用化肥,尽管多数农民认为多施用有机肥对土壤和作物有利,但由于有机肥的堆沤费工、费时而且脏,秸秆的还田技术因缺少配套的机械和管理措施而不能达到增产的效果,致使农民形成了重化肥轻有机肥的生产习惯。由于农户生产规模小、产品商品化程度低,再加上许多男劳力进城打工,致使农民不太重视养分管理,养分利用有很大的随意性,仍存在许多决策问题。

在科学施肥和养分管理研究上,我国比较重视农田层次的研究而对农户的研究比较少。这个问题长期以来没有引起重视,对于农户和农村的养分管理研究,只是从生态角度开展了一些模式研究,树立了一些生态示范户和生态示范村的典型。

7.4.2 技术原理

7.4.2.1 运用生态系统物质循环原理协调内部养分的分配

家庭联产承包责任制实施以后,农户已成为农业生产最基本的结构和功能单位。生态户是最近几年迅速发展起来的一种庭院生态农业模式,广大农民自觉或不自觉地运用生态经济学原理,利用房前屋后的空闲庭院进行"水陆空"立体经营,把居住环境和生产环境有机地结合起来,以求充分利用土地资源和光能资源。农户经营过程中养分资源的投入是其保证经济收益的最重要的手段,因此,养分流在农户生态系统中有着核心的地位,养分的物质属性又决定了养分的高效利用蕴含在生态户高效率的物质流动循环之中(图 7.3)。

7.4.2.2 在合理的养分输入基础上增加农户养分的内部循环

生态农业模式的结构是决定其功能的关键。良好的结构不仅能确保要素之间能量流、物质流、资金流的畅通,而且具有较高的转化率,既能充分利用自然资源又能确保资源的持续利用,使得整个系统实现高产、稳产、低消耗和低成本。养分蕴含在物质中的属性决定了系统养分流与物质流的协同性,系统养分流的合理程度反映了系统结构的高效程度,也反映了系统功能效益的发挥程度。生态村是指在一个自然或行政村落内充分利用自然资源,加速物资循环和能量转化,以取得生态、经济、社会效益同步发展的农业生态系统(马文奇等,2003)。自然资源条件和社会资源条件完全相同的村级生态系统,通过调节其养分流的结构和密度,可以更好地发挥系统的功能,达到经济、社会和环境协调发展。

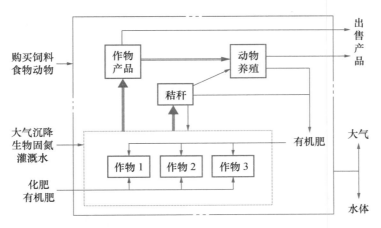

图7.3　农户养分流动示意图（张福锁等,2006）

7.4.2.3　合理规划农牧生产结构并制订合理的养分管理计划,可以以降低农户(场)自身在农牧生产中的环境风险

农场养分资源综合管理主要依据养分的流动与循环原理(图7.4),目标是充分利用农场内部的养分资源、提高资源效率,减少其对环境的不利影响。农场养分资源综合管理计划一般包括:①用农场和田块图表标明面积、作物、土壤和水体分布;②明确本单位期望获得的作物产量、生产田块历史产量,土壤信息等;③明确对本单位生产田块有效养分资源的评估(养分资源的评估至少包括:土壤 pH、氮、磷、钾测试结果;准备施入的粪肥、废水、厩肥的养分分析;轮作中豆科植物贡献的养分估计;其他较大的养分资源如灌溉水中养分的状况);④明确对本单位田块的环境风险评价,严格控制低洼地、浅表土、高渗漏潜力土壤,接近地表水的土壤,高侵蚀土壤和浅潜水层(aquifer)土壤上的施肥量;⑤明确本单位根据目标产量确定的作物养分需要量,根据限制养分的概念确定养分资源的综合利用方案;⑥明确本单位肥料养分施用的时间、方法、数量,为获得理想产量提供需要的养分量、减少向环境的损失,尽可能避免在冻土、淋洗或径流大的季节施用;⑦明确本单位肥料养分施用设备的矫正和操作步骤(马文奇等,2003)。

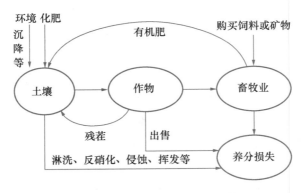

图7.4　农场养分流动模式图（张福锁等,2003）

可见,养分资源综合管理计划重点要解决养分的利用技术,要点是确定获得理想产量所需投入的养分量、改进养分施用的时间、用农艺措施来提高养分利用效率;当应用非商品肥料时,要确定其养分价值和有效养分量;同时明确豆科植物对土壤中氮素的贡献;尽量应用土壤植株测试技术。

7.4.3 技术内容

7.4.3.1 生态户模式

利用生态经济学原理、系统工程方法建立起来的生态户模式,巧借食物链实现了养分的多次增殖。在具体的形式上有种养立体型和生态循环型,两种形式都充分利用了农户生态系统养分流动规模小和易调控的特点,通过粮(果)种植和畜禽养殖之间频繁的养分交换使得养分在系统内得以充分利用,不论是养分的投入还是流失都比单一的粮(果)种植和畜禽养殖要少得多。但在应用中要充分考虑各个系统间养分流动的协调和农田养分承载能力,否则,有可能达不到原设计的效果。例如,北京郊区某生态户模式的养分流动核算结果表明(图7.5),虽然在此种养结合模式下动物粪尿排氮量7 530.4 kg/(hm² • 年)的28.6%返还到了农田,但是由于匹配农田的面积有限且养殖密度过高,导致单位面积农田氮盈余高达1 962.8 kg/(hm² • 年),从而未能实现生态型养殖的理想效果(侯勇等,2012)。

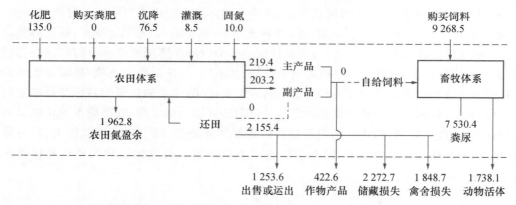

图7.5 北京郊区某生态户模式的单位面积氮素养分流动账户/[kg/(hm • 年)](侯勇等,2012)

7.4.3.2 生态村模式

村级生态系统的养分流有三个重要的特点,即养分库存量较少,但流量大、周转快;养分保持能力弱,流失率较高;养分供求同步机制较弱,受人为的耕作、种植、养殖、施肥和灌溉等措施的影响明显。根据这些特点设计的以调节养分流为手段调控生态系统物质、能量和资金流的生态村模式,必须把握村内种植专业户、养殖专业户和种养结合农户的养分输入输出总量和效率,将各种农户的养分供求状况作为调节系统内养分流动的核心指标,最终达到生态平衡条件下的经济效益最大化(李文华,2003)。此外,在定性和定量化分析农户内部或农户间的养分流动基础上,从村级尺度上,宏观调控养分(特别是动物粪尿养分)在不同类型农户(种植户,养殖户和种养结合农户等)和不同种植体系(大田作物,果树,蔬菜和花卉等)之间的分配也是实现和完善生态村模式的关键。例如,北京郊区某典型生态养殖村的农牧结合体系养分流动特征分析结果表明,该村农田体系氮磷养分输入量的约70%属于系统循环养分,即来源于本村畜禽养殖产生的粪尿养分。从表面上看,该村实现了养分的高效循环,但是由于不同种植体系间粪尿养分分配极不合理,出现了部分农田畜禽粪尿承载过高和大面积农田无畜禽粪尿投入的现象,因此,从根本意义上讲并未能实现生态村的建设(侯勇等,2011)。

7.4.3.3　农场养分管理计划

一些国家非常重视农场粪肥管理,加拿大安大略省农业、食品和农村部已经发布了建立牲畜粪肥养分管理计划的10个步骤,包括:①粪肥养分分析;②土壤测试;③确定上季豆科作物和有机肥残留氮数量;④选择粪肥使用的方式与日期、各次施肥的前后时间间隔;⑤选择田块和决定有机肥施用量;⑥选择补充的化肥;⑦校正施肥机;⑧考虑侵蚀、表面径流、排水污染的控制方法;⑨提供农场生产的所有有机肥;⑩进行年度计划的总结和评价(马文奇等,2003)。前已述及,美国特拉华州的农场养分管理计划法规规定,辖区内养殖密度超过8个动物单位的畜牧场必须制定养分管理计划。同时,对养分管理计划制定者需要进行专门培训和资质认证。该州养分管理计划制定者一般分为以下4类:①养分生产者,即仅生产养分(或废弃物)而没有农田进行养分施用;②养分自产自销者,即产生的养分仅施用于自己管理的农田;③商业化经营者,即养分施用作为商业手段和以营利为主要目的;④营养顾问,即负责书写养分管理计划书人员。不同的养分管理计划制定者需要通过培训并取得相应的学分后才能取得资格证书。例如,养分生产者和养分自产自销者分别需要取得6和9学分且无需考核可以取得一期3年的资格认证。然而,商业化经营者和营养顾问均需要取得12学分且需要通过考核,前者取得一期3年资格认证,后者仅取得一期1年的资格认证。由此可见,营养顾问的资格认证相对较为严格。此外,如果营养顾问需要保持资格证书有效,每年都需要进行培训并取得5学分。相比之下,其他制定者每3年才进行一次培训,合格要求为6学分。实践证明,经过资质认证和培训的养分管理者在农场养分管理计划落实方面发挥了重要作用。

7.4.4　技术的应用效果

根据村落所在地区的自然和人文资源及其利用的潜力、优势和制约因素,选择与其相应的发展模式,以期达到在村级生态系统内养分的持续、高效利用。主要有"种养配套"、"种-养-加"和"沼气利用"等几种模式(李文华,2003)。江南水网平原的农-牧-鱼一体的种养配套模式是由果树(蔬菜、饲料)立体种植子系统、生猪(鸡)养殖子系统和水产立体养殖子系统组成。果树(蔬菜、饲料)立体种植子系统通过果树、蔬菜、饲料作物的间套作提高了土地利用率并为生猪(鸡)养殖子系统提供了青饲料养分;生猪(鸡)养殖子系统的粪便养分输出既可为水产立体养殖子系统提供水生动物饵料养分,又可为果树(蔬菜、饲料)立体种植子系统提供有机肥;水产立体养殖子系统主要功能是充分利用当地丰富的水资源,吸收利用生猪(鸡)

养殖子系统的排泄物中输出的养分,也可利用塘泥养分培肥果树(蔬菜、饲料)立体种植子系统的土壤肥力。"种-养-加"模式的特点就是以农牧产品加工企业为龙头,通过以农牧产品为实体的养分输出获得经济效益,养殖业的粪便养分输出为种植业提供有机肥养分,达到系统内养分的高效利用(张福锁,2006)。

以沼气为纽带的"沼气利用"模式主要的特点是在食物链关系上协调营养平衡关系,养分在系统内是以营养物质为实体流动的,以猪(鸡)-沼-粮为主要形式。这一模式不仅通过提高养分的利用率减少了环境污染,而且解决了农村能源问题。汤云川等(2010)对我国中国主要沼气发展区域户用沼气产气量及能源经济效益进行了系统评价,结果表明我国沼气农户与无沼气农户人均能耗差异显著,沼气在家庭生活能源消费的比例平均达到18%,提供了40%的人均有效热,替代了15%左右的商品能源;使用沼气后,人均能耗折合标煤419.56 kg,比使用前下降了16%左右,节省能源开支2%;通过使用沼气,农户可创造559~938元的经济价值,节约林地0.314 hm²。由此可见,发展沼气具有显著的能源、经济、生态效益。

所有模式的共同点就是村落内各子系统的养分输入输出实现了互补,提高了系统养分利用的整体效益。北京市大兴县留民营村在生态农业建设过程中形成的"鸡(兔)-猪-沼气-菜(花)"的家庭养分循环系统是生态户最为典型的模式。主要的特点就是饲料养分喂猪养鸡;猪粪和鸡粪投入沼气池生产沼气;沼气作能源,沼渣喂猪或作为养分还田。养分在生态户这一循环系统内利用的效率得到很大提高,同时也减少了养分向系统外的流失,从而保护了环境。建立这样的小型养分循环系统可以在不增加农户负担的基础上,产生明显的经济、生态和社会效益(张福锁,2006)。

参考文献

韩俊,潘耀国.2005."十一五"期间我国畜牧业发展的前景和重点.中国禽业导刊,22(18),4-5.

侯勇,高志岭,马文奇,等.2012.京郊典型集约化"农田-畜牧"生产系统氮素流动特征分析.生态学报,32(4):1027-1036.

李琪,陈利顶,齐鑫,等.流域农业非点源污染磷指数评价法研究进展.农业环境科学学报,2006,25(增刊):810-813.

李琪,陈利顶,齐鑫,等.2007.流域尺度农业磷流失危险性评价与关键源区识别方法.应用生态学报.18(9):1982-1986.

李文华.2003.生态农业—中国可持续农业的理论和实践.北京:化学工业出版社.

罗宏,冯慧娟.2011.流域差别化环境管理研究.环境科学研究,24(1):118-124.

马文奇,张福锁,江荣风,等.2003.养分管理的宏观管理.张福锁.养分资源综合管理.北京:中国农业大学出版社.

马文奇,张福锁.2008.食物链养分管理-中国可持续发展面临的挑战.科技导报,26,68-73.

马林,魏静,王方浩,等.2009.基于模型和物质流分析方法的食物链氮素区域间流动—以黄淮海区为例.生态学报.29(1):475-483.

汤云川,张卫峰,马林,等.2010.户用沼气产气量估算及能源经济效益.农业工程学报,26(3):281-288.

王济民,谢双红,姚理.2006.中国畜牧业发展阶段特征与制约因素及其对策.中国家禽,28(8),6-11.

王方浩,马文奇,窦争霞.2006.中国畜禽粪便产生量估算及环境效应.中国环境科学,26(5),614-617.

王方浩.2008.基于养分流动分析的中国畜牧业发展战略研究.[学位论文].中国农业大学,北京.

魏静,马林,路光,等.城镇化对我国食物消费系统氮素流动及循环利用的影响.生态学报,2008,28(3):1016-1025.

张福锁,马文奇,陈新平.养分资源综合管理理论与技术概论.北京:中国农业大学出版社,2006,149-159.

张福锁,陈新平,陈清.2009.中国主要作物施肥指南.北京:中国农业大学出版社.

张福锁,江荣风,陈新平,等.2011.测土配方施肥技术.北京:中国农业大学出版社,149-159.

张淑荣,陈利顶,傅伯杰.2001.农业区非点源污染敏感性评价的一种方法.水土保持学报,15(2):56-59.

周慧平,高超,朱晓东.2005.关键源区识别:农业非点源污染控制方法.生态学报,25(12):3368-3374.

中华人民共和国统计局.2011.中国统计年鉴.

中华人民共和国农业部.2011.中国农业统计资料2011.北京:中国农业出版社.

Aarts H F M, Conijn J G, Corré W J 2001. Nitrogen fluxes in the plant component of the 'De Marke' farming system, related to groundwater nitrate content. NJAS-Wageningen Journal of Life Sciences,49(2-3),153-162.

Bouwman A F, Lee D S, Asman W A H. 1997. A global high-resolution emission inventory for ammonia. Global Biogeochemical Cycles. 11(4), 561-587.

Calker K J, van Berentsen P B M, Giesen G W J, 2008. Maximising sustainability of Dutch dairy farming systems for different stakeholders: A modelling approach. Ecological Economics,65(2), 407-419.

Forbes E G A, Easson D L, Woods V B. 2005. An evaluation of manure treatment systems designed to improve nutrient management:A report to the Expert Group on Alternative Use of Manures. Global Research Unit, Department of Agriculture and Rural Development For Northern Ireland. The Agricultural Research Institute of Northern Ireland, Large Park, Hillsborough, Co Down, Bt26 6dr. www. arini. ac. uk.

Hou Y, Gao Z L, Heimann L, Roelcke M, Ma W Q, Nieder R. 2012. Nitrogen balances of smallholder farms in major cropping systems in a peri-urban area of Beijing, China. Nutrient Cycling in Agroecosystems 92: 347-361. DOI: 10. 1007/s10705-012-9494-0.

Ju X T, Kou C L, Zhang F S, Christie P. 2006. Nitrogen balance and groundwater nitrate contamination: Comparison among three intensive cropping systems on the North China Plain. Environ Pollut,43:117-125. doi:10.1016/j. envpol. 2005. 11. 005.

Ma L, Ma W Q, Velthof G L. 2010. Modeling nutrient flows in the food chain of China. Journal of Environmental Quality. 39, 1279-1289.

Oenema O. 2004. Governmental policies and measures regulating nitrogen and phosphorus from animal manure in European agriculture. Journal of Animal Science,82, E196-206.

Oenema O, Salomez J, Branquinho C, Budňáková M, Čermák P, Geupel M, Johnes P, Tompkins C, Spranger T, Erisman J W, Pallière C, Maene L, Alonso R, Maas R, Magid J, Sutton M A, Grinsven H V. 2011. Developing integrated approaches to nitrogen management. In: The European Nitrogen Assessment, ed. M. A. Sutton, C. M. Howard, J. W. Erisman et al. , Cambridge University Press.

Oenema O, Oudendag D, Velthof G L. 2007. Nutrient losses from manure management in the European Union. Livestock Science. 112, 261-272.

Oenema O, Witzke H P, Klimont J P. 2009. Integrated assessment of promising measures to decrease nitrogen losses from agriculture in EU-27. Agriculture, Ecosystems and Environment,133, 280-288. 29.

Steinfeld H, Costales A, Rushton J, et al. 2006. Livestock Report,2006, Rome, FAO.

Raboy V. 2007. The ABCs of low-phytate crops. Nature Biotechnology,25, 874-875.

Smil V. 1999. Nitrogen in crop production: An account of global flows. Global Biogeochemical Cycles. 13, 647-662.

Steinfeld H, Costales A, Rushton J. 2006. Livestock Report 2006. Rome, FAO.

Tamminga S. 2003. Pollution due to nutrient losses and its control in European animal production. Livestock Production Science, 84, 101-111.

Wang F H, Dou Z, Ma L. 2010. Nitrogen Mass Flow in China's Animal Production System and Environmental Implications. Journal of Environmental Quality,39,1537-1544.

Zhang F S, Ma W Q, Zhang W F, Fan M S. 2005. Nutrient management in China: From production systems to food chain, In: Li Chunjian et al. (eds) Plant Nutrition for food Security, Human Health and Environmental Protection, Tsinghua University Press, Beijing, China, 13-15.

（马文奇、侯勇）

第8章

食物链养分管理技术

8.1　食物链养分流动定量模型技术(NUFER)

8.1.1　技术概述

　　人类活动对全球养分循环的影响已经成为国际研究的热点,其中食物生产加速了养分循环。与此同时,它造成的养分流失则导致了当今世界面临的最大的环境污染问题。此外,如果食物链系统氮活化量过度,还会对人类健康造成影响,例如,心脑血管疾病发病率增高、氮氧化物的排放引起的呼吸道疾病等(Galloway et al.,2008)。因此,真正的食物链养分管理应该是从"农田到餐桌",合理规划食物链系统整体氮素流动。模型是养分管理的重要工具,欧洲养分管理最初是以减少养分环境排放为驱动力,利用模型定量进入环境的养分,进而制定限制环境排放的政策法规。中国的国情决定了中国的养分管理目标不仅仅是环境友好,而更重要的是通过规划生产来解决粮食安全和可持续发展问题。因此,中国的养分管理应以协调食物生产、资源限制和环境友好为模型的驱动力,以养分资源在"资源—土壤—植物—动物—人类—环境"的流动为链条,用物质流动与循环的方法,构建食物链养分流动定量模型,使其成为区域和国家尺度高产高效养分管理研究和政府制定养分管理政策法规的重要技术。

　　技术适用边界为食物链系统即食物生产与消费系统,包括作物生产子系统、畜牧生产子系统、食品加工子系统和家庭消费子系统。食物链养分流动是描述养分在特定的养分库之间流动和转化。食物链养分流动还可以被称为食物养分金字塔,食物生产子系统位于金字塔底层,食物消费子系统位于金字塔顶层。模型的研究边界定义为作物生产子系统(农田和人工草原),畜牧生产子系统(畜牧和人工水产品养殖),食品加工和家庭消费子系统。天然草原和天然水产品作为系统的外源输入(图8.1)。研究对象为17种主要作物,11种主要畜禽和4种土壤类型,家庭消费子系统分为城镇家庭和农村家庭。

食物链养分流动模型 NUFER(nutrient flows in food chains, environment and resources use),包括输入模块、输出模块和计算模块。模型输入模块包括变量(化肥施用量、作物产量、播种面积、畜禽数量、食物消费量等)、养分含量参数和去向参数(秸秆和畜禽粪尿处理方式、作物用途、食品加工方式等)。模型输出模块包括食物链系统氮素流动项、养分利用效率和环境排放数量(NH_3,N_2O,NO_x,淋溶、径流和土壤侵蚀等)等。计算模块将在技术原理部分详细介绍。

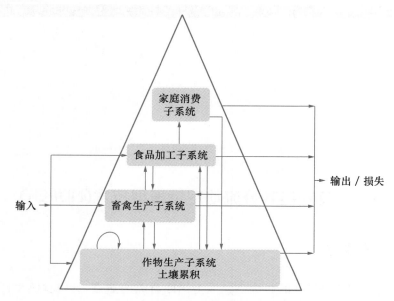

图 8.1　食物链氮素流动模型研究边界

8.1.2　技术原理

NUFER 模型技术,按照"总—分—总"的模式逐步发展和完善。

首先(总):建立食物链养分流动框架(刘晓利,2005;许俊香,2005),包括作物生产子系统,畜牧生产子系统和家庭消费子系统。利用投入产出分析法(IOA)确定各个系统的输入、输出项,建立养分流动参数数据库,并构建计算模型(CNFC)(马林,2006)。

其次(分):在 CNFC 模型框架下,逐步完善各自模型。包括中国农田生态子系统氮素平衡模型(王激清等,2007)、中国家庭消费子系统氮素平衡模型(魏静等,2008)、中国畜牧生产子系统氮素流动平衡模型(王方浩,2008)、中国畜禽粪尿氨挥发模型(刘东等,2008)、植物食物生产子系统氮素流动模型(Ma et al.,2008)和食物链氮素区域流动模型(马林等,2009a)等。

最后(总),本研究根据物质流动分析方法(MFA),通过查阅大量相关文献、资料,并咨询相关专家和调研,分析种植业、畜牧业、食品加工和家庭子系统的氮素资源流动特征,确定各个系统的输入项和输出项及其各个子系统间的联系,并耦合了各子模型,在 CNFC 模型基础上完善算法和功能,建立了食物链养分流动模型 NUFER(nutrient flows in food chains, environment and resources use)。NUFER 模型与各子模型之间的关系如图 8.2 实线所示,各子模块之间的流动关系如虚线所示。

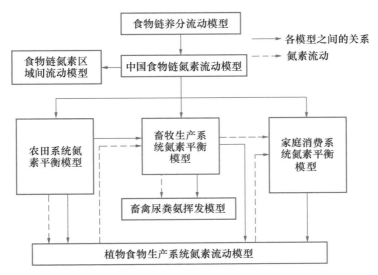

图8.2 中国食物链氮素流动模型示意图

物质流,资源流和养分流方法是技术的核心原理。"流(flow)"的学术思想最初来源于生态学,用来揭示生态系统各组分间相互作用的方向、强度和速率。随后物质流、资源流研究大量展开,成为资源环境研究领域的重要研究方向。然而,无论国家尺度、区域尺度或产业尺度的物质和资源流动研究都只是停留在物理变化层面上。养分具有资源的属性,但是又不同于常规资源,它可以是具有不同物理形态的物质和资源的载体。养分流动研究不仅仅只停留在物理变化层面,更可以把具有不同物理形态的物质和资源统一成养分开展研究,这对物质流和资源流研究理论和方法的完善具有重要的推动作用。此外,养分资源还具有其独特的性质:作用的双重性、多样性和变异性,相对有限性,养分实体流动循环性,养分资源流动的开放性、社会性等特性,但其核心特征是流动性。因此,借助养分流动研究的理论和方法,探寻养分在原态、加工、消费、废弃这一链环运动过程中的转化过程以及养分在不同空间位置产生的位移和运动,成为本技术的核心原理。

养分环境排放因子法是技术的关键。NUFER 模型参照 MITERRA—EU 算法,计算了食物链系统氮素以 NH_3、N_2O 和 N_2 形态挥发到大气,氮和磷以淋溶、径流和侵蚀的方式损失到水体。环境排放过程如图8.3所示。

8.1.3 技术规程及指标

技术规程和指标包括以下几个基本步骤:

8.1.3.1 中国食物链养分流动研究边界定义、过程分析和数据获取

将食物链系统定义为农田生产子系统、畜牧生产子系统、食物加工子系统和家庭消费子系统。分析养分在各个子系统之间的流动和以不同形态向环境损失的途径(包括 NH_3、N_2O、N_2、淋溶、径流和土壤侵蚀等),建立模型参数数据库。

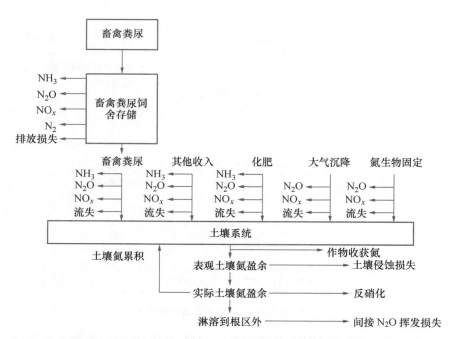

图8.3 中国农田和畜牧生产子系统氮素环境排放过程示意图

8.1.3.2 中国食物链系统养分流动模型的构建

解决食物链各单元的耦合,优化养分流动算法和参数,算法按照 INITIATOR 模型比例分配原理和 MITERRA 模型环境排放算法,构建中国食物链系统养分流动模型(NUFER)。数据需求:各种农产品养分含量、作物生产过程中养分分配比例、畜禽生产过程中养分分配比例、食品加工过程中养分分配比例、各子系统进入水体和大气的比例、各地区农产品生产量和消费量等。

8.1.3.3 中国食物链体系养分流动特征分析

利用模型定量我国食物链养分流动状况,探讨养分流动的历史变化规律,分析不同年代养分流动的效率和环境效应。数据需求:各种作物产量、化肥施用量、畜禽数量、人口数、人均食物需求量。

8.1.3.4 中国食物链体系养分流动模型区域应用研究

利用模型定量养分区域间流动机理;分析养分在区域间的流动;提出区域养分调控策略。数据需求:各种作物产量、化肥施用量、畜禽数量、人口数、人均食物需求量、各种农产品含氮量、作物生产过程中氮素分配比例、畜禽生产过程中养分分配比例、食品加工过程中养分分配比例、各子系统进入水体和大气的比例。

8.1.3.5 中国食物链体系养分流动情景分析

从科学技术和政策法规两方面入手,进行情景分析,探寻影响养分流动的主导因素及其调控机制,为确定高产高效食物链养分管理技术和政策提供依据。

8.1.4 技术应用与效果

以氮为例,通过应用该技术,得到如下结果:

从食物链视角,建立"食物氮素金字塔",分析氮素在"作物生产—畜禽生产—食品加工—家庭消费"子系统流动,研究表明:2005 年中国输入食物链系统外源氮 48.8×10^6 t,其中包括化肥氮 27×10^6 t,废弃物饲料氮 14.3×10^6 t,生物固氮 4×10^6 t 和干湿沉降氮 2×10^6 t。输出项中 43×10^6 t 氮损失到大气和水体,1.9×10^6 t 作物籽粒氮用于工业生产流出食物链系统,0.5×10^6 t 畜禽粪尿氮在放牧过程中进入天然草原,2.1×10^6 t 食品加工副产物氮用于工业生产流出食物链系统,0.2×10^6 t 厨余垃圾氮废弃堆置,0.1×10^6 t 氮存储于人体中,其余 0.2×10^6 t 氮出口到其他国家。2005 年中国食物链系统氮素利用效率(NUE_f)为 8.9%,1 kg 食品氮进入家庭消费者子系统,需要食品生产子系统投入氮 11 kg。作物生产子系统,畜禽生产子系统和食物链系统氮素生产效率分别为 26%、11% 和 9%(Ma et al.,2010)。

对区域尺度对中国农业(农田和畜牧)生产过程中,氮素通过 NH_3、N_2O、N_2 损失到大气,通过淋溶、径流和侵蚀排放到水体进行了综合评价。并建立区域土壤子系统"表观氮"和"作物有效氮"平衡理论。利用 NUFER 模型评价中国 31 个省份农业氮素排放,农田和畜牧体系排放量分别为 216 kg/hm² 和 111 kg/hm²,通过水体排放、NH_3、N_2 和 N_2O 损失分别为 155 kg/hm²、117、52 kg/hm² 和 4 kg/hm²。情境分析显示通过平衡施肥、畜禽粪尿管理和作物综合管理可以提高氮素生产效率,减少环境排放,同时提高作物产量(Ma et al.,2012)。

NUFER 模型还可以分析氮素在区域间的流动状况。以黄淮海区为例,可通过模型提出氮素区域间调控策略。结果表明:2005 年,黄淮海区化肥、饲料、植物食物和动物食物氮素盈缺率分别为 33%、−120%、38% 和 65%。养分势是区域食物链养分流动的原动力,此外,人口数、城镇化率、耕地面积、GDP、运输距离、运价、市场价格和政府调控等也是影响食物链氮素在区域间流动的重要因素。2005 年,黄淮海区是化肥、食物氮素的源,是饲料氮素的汇。北京地区则无论化肥、饲料和食物氮素都为汇,北京地区单位耕地承载外地区调入的氮素负荷为 872 kg/hm²,这就造成即使这些养分全部在本区域返还农田依然还存在很大的环境风险。因此,对环北京都市圈食物链氮素应该进行区域间协同管理,尽量降低环境风险(马林等,2009a)。

利用 NUFER 模型量化氮素流动特征的指标,阐明我国食物链氮素流动特征。结果表明:随着 GDP 增长,在食物消费拉动下,2005 年人均化肥、饲料、食物氮素消费量分别为 1980 年的 2.1 倍、2.2 倍和 1.3 倍,养活一个中国人的资源代价在增加。中国食物链氮素库存量和流量大幅增长,1980—2005 年农田氮素总流量从 2 104 万 t 增加到 4 355 万 t,动物生产体系氮素流量从 745 万 t 提高到 2 255 万 t。家庭消费子系统氮素流量从 313 万 t 增加到 436 万 t。然而,2005 年食物链氮素生产效率仅为 9%,废弃物循环率下降。与此同时,食物链氮素流动排放造成巨大环境压力,2005 年食物链系统进入环境氮素为 4 288 万 t,是 1980 年的 2.4 倍(马林等,2009b)。

8.2　食物链各环节养分高效利用与综合减排技术

8.2.1　技术概述

食物链各环节养分高效利用与综合减排技术可以概括为三类主要技术：①两端源头控制技术，包括减少家庭系统食物消费、优化食品加工体系和降低农业生产养分投入；②食物链各子系统间养分循环技术，包括农牧结合、秸秆还田或饲用、食品加工副产物循环、家庭厨余垃圾循环等；③农业生产环节核心减排技术，包括脲酶抑制剂使用、硝化抑制剂使用、水肥一体化、分阶段饲养、固液分离、酸化粪尿、空气过滤收集系统、覆盖储藏、注射施用和浅层快速覆盖施用等（图8.4）。

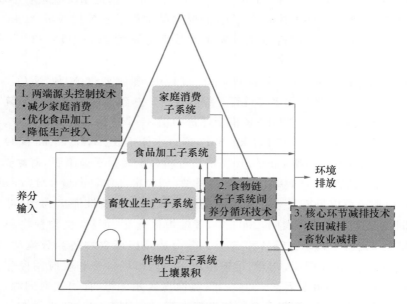

图8.4　食物链各环养分高效利用及综合减排概念图

8.2.2　技术原理

食物链各环节核心减排技术的基本原理是：降低食物链顶端——家庭消费子系统的食物浪费以及加工收获环节的消耗，从而降低对整个系统生产的需求。而对于食物链底端的作物和畜禽生产子系统，一是利用源头控制降低养分的投入，增加养分利用率（如低养分含量饲料）；二是采用直接减排技术，降低不可避免损失的养分量（如抑制脲酶活性降低氨挥发）；三是增加养分在系统之间的循环（农牧结合，秸秆还田）。各个环节核心减排技术的原理在表8.1中简单陈述。

表 8.1　食物链各环节核心减排技术列单

	核心减排措施	减排机理
两端源头控制	1. 改善初级食品收获、采集、运输设备	降低初级食物在田间,圈舍和运输过程中的损失
	2. 降低发达国家对食品外形要求	避免外形差的食物被直接丢弃,降低对生产的需求
	3. 增加公众拒绝粮食浪费意识	降低发达国家家庭食物浪费,降低外出就餐浪费
	4. 氮肥实时监控,磷钾恒量监控	源头控制降低投入,增加作物养分利用率
	5. 低养分含量饲料	源头控制降低投入,增加畜禽养分利用率
食物链养分循环	1. 农牧结合	畜禽粪尿最大程度还田,增加系统内的养分循环
	2. 秸秆还田或饲用	减少秸秆的田间焚烧,增加还田促进土壤有机质增加,或者作为反刍类动物的饲料,减少田间养分损失
	3. 食品加工副产物循环	增加糠麸或饼粕的动物饲用比例,增加养分循环
	4. 家庭厨余垃圾循环	利用微生物技术使厨余垃圾发酵为有机肥,进而还田
关键环节减排技术	1. 脲酶抑制剂	抑制土壤中脲酶活性,降低氨挥发
	2. 硝化抑制剂	抑制土壤中硝化细菌活性,降低硝酸盐的淋洗
	3. 水肥一体化	针对不同作物的水肥需求规律,实现了水分、养分的同步供应和水肥协调
	4. 分阶段饲养	合理养分投入,增加畜禽养分利用率
	5. 固液分离	避免尿素或尿酸与脲酶接触,降低氨挥发
	6. 酸化粪尿	将 NH_3 酸化成 NH_4^+,降低氨挥发,同时降低磷移动性
	7. 空气过滤收集系统	利用无机物或者生物过滤器,固定空气中的氨并循环
	8. 覆盖储藏	避免粪尿与氧气接触,避免氨挥发
	9. 注射施用	避免氨与空气接触,降低氨挥发,易于根系吸收
	10. 浅层快速覆盖施用	避免氨与空气接触,降低氨挥发,易于根系吸收

8.2.3 技术内容

两端源头控制技术是指在降低食物链金字塔模型的顶端的家庭消费和减少底端的农业生产中养分的投入。为了保证养分流动的运转,整个食物链系统需要投入大量养分即养分的输入。这部分养分需要消耗食物链外部的能源和矿质资源,在食物链模型中被定义为系统新养分。新养分输入量越高,食物链对外部的依赖性越高,养分损失量可能越高。在食物链金字塔模型中,家庭消费子系统是食物链的顶端,而作物和畜禽生产子系统则组成金字塔的底端。由于食品的生产是由消费驱动,所以食物链模型中家庭子系统消耗的养分量和系统的养分利用效率决定了食物链的新养分输入量。因此,降低家庭食物的消费量将显著降低对食物链底端的作物和畜禽生产需求,降低整个系统的养分输入。而食物链系统的主要养分是经由食物链底端的作物和畜禽生产子系统输入,控制该阶段的养分投入量且提高养分利用效率将有效降低系统的新养分输入。随着食物链系统的养分输入量的降低,养分的损失及向环境排放量也将减少,因此整个食物链系统的养分利用效率也因此明显提高。因此我们提出采用"两端源头控制"理论:①降低食物链顶端的家庭消耗;②避免食物链底端的养分过量输入,增加养分利用效率。而这方面的潜力巨大,全球每年生产的食物中被丢弃和浪费的占1/3,且作物和畜禽生产中养分过量投入现象也十分普遍(Vitousek et al.,2009;Canh et al.,1998)。因此,两端源头控制具体可通过以下途径进行:

8.2.3.1 降低家庭浪费和食品加工损失

发达国家和发展中国家的单位食品浪费量是相近的,但是在发展中国家约40%的食物浪费是在食品的前收获和加工过程,而在工业化国家超过40%的食品浪费是来自于食品的销售和消费环节。改善发展中国家粮食作物的收获和存储设备;提高畜禽生产管理水平加强疾病防控,减少畜禽意外死亡率;改善食品的运输,在大型食品交易场所配备低温储藏冷库,降低食品在运输和销售过程中的损失;降低外出就餐的粮食浪费。对于发达国家而言:降低食品的筛选标准;提高人们杜绝粮食浪费的意识,降低家庭消费环节的粮食浪费;同时提倡素食,降低对牛肉和牛奶等高养分排放的食品消耗。

8.2.3.2 平衡肥料输入和输出

利用现有的田间试验直接通过肥料效应模型(注意选择合理的模型)求得最佳产量的施氮量,或将多年多点的最佳产量施氮量平均既可获得一定区域内作物平均施氮量。肥料效应函数需要区分不同作物和土壤类型。作物养分的输出需要考虑经济产量和作物残茬全部的养分输出。在考虑农田的养分输入时需要考虑到全部的养分输入,包括由有机肥输入的养分含量。磷钾恒量监控技术以长期定位试验为基础,结合养分平衡和土壤测试,着眼于作物持续高产和土壤养分的持续供应能力。另外,需要通过大量田间试验,建立并修正了蔬菜和大田粮食作物土壤有效磷钾指标和土壤磷的环境风险指标。在养分总量确定的情况下,应根据不同作物的氮素吸收规律和当地的农事操作习惯对作物每次施肥量进行调整(陈新平等,2006;张福锁等,2006)。

8.2.3.3 低养分含量饲料

动物饲料中的粗蛋白含量与粪尿的 N 含量及粪尿的氨挥发有极显著正相关,因此降低粗蛋白质的投入,可以显著减少动物产生的粪尿中 N 的含量,同时对畜禽的生长不产生不利影响。对于蛋鸡和肉鸡这种饲料转化率较高的动物体系而言,降低养分投入的减排效果有限,当然也取决于现有的饲料养分投入状况。对于奶牛,肉牛及猪而言,技术实施效果较好。根据动物的日增重或者动物产品的产量(如奶、蛋)而制定合理的饲料组成,降低饲料粗蛋白含量。但是饲料组成必须符合动物的能量,矿物质及必需氨基酸的需求。奶牛的日粮饲料中粗蛋白含量一般不应超过 150～160 g/kg DM (Brodrick,2003;Svenso,2003)。猪和鸡的饲料氮转化效率较高,其饲料粗蛋白含量一般不应超过 220 g/kg DM。进一步的降低饲料中粗蛋白含量,增加饲料 N 的利用效率可以通过补充合成氨基酸而实现,目前广泛使用的合成氨基酸有赖氨酸、蛋氨酸、苏氨酸、色氨酸。

食物链各子系统间养分循环技术是指养分在食物链各个子系统之间最大程度循环。在整个食物链模型中,养分并不是单向地从作物子系统—畜禽子系统—食品加工子系统—家庭消费子系统流动,在系统之间养分也存在一定程度的回流。而这部分养分是属于食物链系统内部的养分,不需要消耗食物链外部的能源和资源。由于各种原因作物生产子系统中的秸秆被焚烧或移出农田,畜禽生产子系统中粪尿堆弃或向水体直接排放,食品加工过程的副产物如糠麸和饼粕的直接丢弃,家庭食物的浪费,不仅造成了大量养分的浪费不能用于食物链生产,同时也对外部环境保护造成负面影响。且中国目前的种养分离模式,并不利于各个子系统之间的养分循环利用。作物种植和畜禽养殖结合的农牧结合模式,有效地增强了养分在系统间的回流和循环使用。在欧美发达国家各种养殖场都配备一定面积的农田,以承纳畜禽养殖产生的粪尿。农田生产的作物全部投入到畜禽养殖,而畜禽养殖产生的粪尿养分全部还田,为农田提供养分。这些大型农场仅需要从外部进口少量化肥或饲料,就可维持整个农场的养分循环(Aarts et al.,2000)。因此农牧结合的农业模式显著的提高食物链系统的养分高效利用。因此,我们提出"食物链养分循环"增加各生产子系统,尤其是畜禽生产子系统向作物生产子系统的养分回流,可以有效养分在食物链系统内部的循环,并减少外源养分的投入,显著增加整个食物链系统的养分利用效率。

8.2.3.4 农牧结合

按照单位耕地奶牛养殖配额确定饲养数量;根据奶牛饲料养分需求制定农场种植结构和轮作制度;利用作物和畜禽管理技术提高养分利用效率;通过计算机模型核算整个农场的养分投入产出和平衡,并使养分在农牧体系尽可能循环利用。系统优化后的农场牧草种植比例小于传统农场,饲用玉米种植比例提高,因为牧草的水肥需求量高于饲用玉米,而干物质和能量产量低于饲用玉米。农场的所有牧草作为奶牛饲料,而全部玉米则全株青贮作为奶牛粗饲料。而奶牛生产过程中所产生的粪尿则最大程度还田。农场从化肥投入,饲料配方到奶牛产奶的全过程由计算机系统控制,利用模型进行核算。农场外源养分投入量(化肥和饲料)的核算要考虑奶牛尿浆的养分、苜蓿固氮、农作物副产物的还田养分(Aarts et al.,2000)。

8.2.3.5　家庭厨余垃圾循环

蚯蚓堆肥是近年来发展起来的一项生物处理技术。利用蚯蚓吞食大量厨余垃圾,并将其与土壤混合,通过沙囊的机械研磨作用和肠道内的生物化学作用将有机物转化为自身或其他生物可以利用的营养物质。如日本的比嘉照夫研制出的 EM 原露稀释后喷洒在厨余垃圾表层,用塑料布盖严使之发酵腐熟,蚯蚓体可提取蛋白激酶和蛋白饲料添加剂,并且高级蚯蚓粪可做高效生物有机肥。利用采用多种酵母菌和霉菌混合发酵,如白地霉 F-1 和米曲霉 F-6 进行菌种组合,固态发酵的方法处理餐厨垃圾,发酵条件:发酵培养基高温灭菌 20 min,加入 $(NH_4)_2SO_4$ 1%,KH_2PO_4 4%,NaCl 3%,初始 pH 5.5,含水率 60% 左右;种子液 15%,接种比例为 1:1,发酵 5 d。最终可得到的饲料粗蛋白含量 33.87%(邹苏焕等,2004)。另外厨余垃圾可以通过在适当的情况下,堆制成有机肥并循环使用。一般采用高温好氧消化工艺要求是:控制反应在高温条件(55~65℃),pH 为 6.0~6.8,含水率为 45%~55%,泔水与厨余的投加混合比范围为(2~10):1(干基质量比);每天最大处理负荷为 0.10 kg/(kg·d)(吕凡等,2003)。

农业生产环节核心减排技术是指在食物链整个生产环节中采用减排技术降低养分的损失。养分在食物链各个环节流动时,不可避免地会发生损失,导致养分移出食物链系统进入环境,如肥料的氮素的挥发和淋洗损失,畜禽粪尿在圈舍、储藏、加工和施用时的损失。但是这些损失可以通过采用减排技术而显著降低,如脲酶抑制剂,硝化抑制剂,粪尿酸化,覆盖储藏,厌氧堆肥和注射施用。通过在食物链关键环节采用减排技术,可以显著降低养分向外界环境的排放,随着养分损失的减少,食物链内部循环的养分量和系统的养分利用效率将显著增加。如果减排技术是贯穿整个生产链条,最优减排效果才能实现。因为随着减排技术在生产链条的初始开始应用,养分大量积累,而在随后的环节中如果没有采用减排技术,则养分损失量将显著增加,增加量将平衡掉在初始环节的减排。因此,综合食物链各环节的减排措施可以促进食物链系统的养分高效利用和减少环境排放,同时降低食物链系统对外部养分和能源的消耗。

(1)脲酶抑制剂:目前使用的脲酶抑制剂的种类有以下几种:N-2-丁基硫代磷酸三亚胺(NBPT),苯磷酸二酰胺(PPDA),环己磷酰三胺(CHPT),以及各种可以破坏二硫键的金属化合物。这几种抑制剂目前并没有广泛推广,其中仅 NBPT 和对苯二酚(Hydroquinone)得到了广泛的验证,因 NBPT 在降低氨挥发,稳定性和毒性方面都优于其他几种抑制剂,因此在试验和示范中应用较多。其用量取决于土壤性质和尿素施用量,NBPT 配合尿素的施用范围为 0.01%~0.1%。NBPT 施用比例越高,氨挥发减排效果越明显,但是效益比下降,因此常用量为 0.01%。由于脲酶抑制剂施用量较低,且价格较高,为保证施用效果一般在尿素表面包膜或者进行液体喷施。因为脲酶抑制剂针对的是土壤中脲酶活性,因此配合有机肥施用,可以显著降低氨挥发。由于脲酶抑制剂在高温、高湿的情况下,降解速率增加,因此在温度和湿度较高的区域应增加脲酶抑制剂的用量;土壤有机质可以固定钝化脲酶抑制剂的活性,因此在有机质含量高的区域应增加其用量。另外需要注意的是,水分管理对脲酶抑制剂的影响,表面施用或喷施脲酶抑制剂后,应避免大量灌水,降低脲酶抑制剂效果(Trenkel,2010)。

（2）硝化抑制剂：通过抑制土壤中硝化细菌的活性，抑制 N_2O 的排放和 NO_3^- 的淋洗。目前广泛使用的硝化抑制剂主要有：双氰胺（DCD）、二甲基吡啶磷（DMPP）、电石（CaC_2）和对苯二酚（Hydroquinone）。其中 DMPP 由于毒性低，单位重量减排效果高，在土壤中的移动型低且稳定性高而广泛被田间试验验证。DMPP 的一般用量范围为 $0.5\sim1.5$ kg/hm^2，并且可以和肥料混合造粒。如 DMPP 和单质肥料或复合肥料混合造粒，直径为 $3.0\sim3.6$ mm 的肥料颗粒。肥料颗粒在土壤水的作用下快速分解，DMPP 可以快速与肥料发生作用。硝化抑制剂的作用效果取决于土壤性质，温度和施用比例。土壤 pH 越低，抑制效果越明显；土壤温度越高 DMPP 降解速度增加，抑制效果降低；且土壤有机质含量丰富的话，会促进土壤微生物对硝化抑制剂的分解。因此在土壤 pH 高，有机质含量高且土壤温度高的区域，应增加 DMPP 的施用量。DMPP 的施用形式固体或液体对施用效果没有显著影响，且在肥料施用后再喷洒 DMPP 也可强烈抑制硝化反应（Trenkel，2010）。

（3）分阶段饲养：动物在不同生长阶段对养分的需求和利用效率有显著的差异，而出于人工管理的因素，多数养殖场对不同生长阶段的畜禽喂饲相同配方的饲料。这样就会导致畜禽在某些阶段摄入过量的养分，而这些养分因为不能被利用而以粪尿形式排泄，造成养分利用低效和增加养分环境排放。而分阶段饲养可以根据畜禽的养分利用规律，有效地降低养分的环境排放。奶牛：产奶早期，16%（粗蛋白含量，下同）；产奶晚期和干奶期，14%；怀孕期，13%～15%；牛犊，17%～19%。猪：断奶猪，19%～21%；仔猪，17%～19%；育肥猪（25～50 kg）15%～17%；育肥猪（50～110 kg），14%～15%；育肥猪（>110 kg），12%～13%；孕期母猪，13%～15%；哺乳期母猪，15%～17%。肉鸡（雏鸡），20%～22%；肉鸡（生长期），19%～21%；肉鸡（成熟期），18%～20%；蛋鸡（18～40 周），15.5%～16.5%；蛋鸡（>40 周），14.5%～15.5%（BREF，2003）。

（4）粪尿固液分离：圈舍中氨挥发主要是来自于尿液中的尿素在脲酶的作用下水解，而脲酶则来自于固体粪便。因此，可以通过采用斜坡地板，使尿液快速排入储藏罐，将尿液和固体粪便分开储存，减少尿液和固体粪便的接触；或者采用传送带技术，液体部分在传送的过程中流到下面的液体储藏罐，而固体部分通过传送带运到固体储藏罐。地板类型和清理方式对固液分离有很大影响。如可以在圈舍中采用带有渗漏孔洞的地板，尿液可以通过孔洞进入液体储存罐，而固体部分可以通过刮擦等干清粪的清理方式收集到另一个储存罐中。这样可以避免粪便和尿液的接触。或者采用斜坡地板，采用 $30°$ 的斜坡地板设计，可以使尿液快速地进入液体储藏罐，而固体部分则收集到另一个储藏罐。但是地板需要增加摩擦，以防止动物滑倒。传送带固液分离的圈舍需要采用条缝地板。地板分为两个部分，2/3 为普通水泥地板，1/3 为条缝地板。整个地板 $4°$ 倾斜。传送带安装在条缝地板下面，传送带厚度约为 1 mm。整个传送带向下 $4°$ 倾斜，便于尿液快速流动（图 8.5）（Lachance et al.，2005）。

（5）酸化粪尿：由于圈舍中养分损失的主要途径是氨挥发，当温度恒定时，氨挥发受粪尿中 pH 控制。通过酸化粪尿可以使 NH_3 转化成 NH_4^+，因此降低 NH_3 比例降低氨挥发。由于氨挥发的适宜 pH 为 7～10，因此将 pH 控制在 7 以下即可降低氨挥发，而由于粪尿最终将施用到农田土壤中，将粪尿 pH 调节至 5 以下将有可能对土壤过程发生负面影响，并增加粪尿酸化的成本。所以一般酸化的范围在 pH 为 5 左右。酸化的材料分为：强酸性的硫酸、盐酸、弱酸性的乳酸、丙酸以及金属化合物（硫酸铝、氯化钙等）。强酸性和弱酸性的酸化物

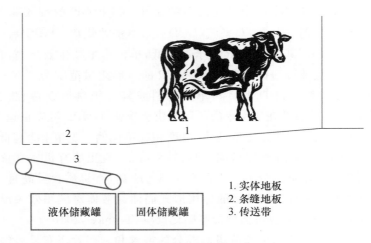

1. 实体地板
2. 条缝地板
3. 传送带

图 8.5　传送带固液分离技术

质施用量,一般宜将粪尿 pH 调节至 5 左右。而硫酸铝等金属物质可以依据其酸化能力强度和粪尿储存罐的表面积,如硫酸铝施用量为 2 kg/m² 时,可以显著降低氨挥发。由于金属化合物并不能稳定的保持粪尿 pH,因此降低氨挥发效果一般低于硫酸和乳酸。虽然强酸的酸化效果优于其他两者,但是其对动物潜在的危害要较高。而乳酸和硫酸铝等虽然酸化效果较弱,但对动物无害,且两者是工业副产品,成本较低,因此成本效益更高。酸化粪尿还可以同时降低粪尿中磷的移动性,尤其是施用硫酸铝可以同时有效固定粪尿中可移动性磷,降低粪尿的环境风险。

(6)空气过滤收集系统:集约化猪和鸡养殖场,一般采用封闭的养殖系统,以避免畜禽病菌感染。为保证空气流动,养殖场都配备通风系统。

因此,可以在通风系统的终端,采用化学或者生物固定的方式,固定空气中的氨及其他微粒物质。一般采用的固定物质按原理分为 3 种:①酸性物质吸附氨;②物理性吸附;③生物吸附。很多物质被证明可以有效地降低氨挥发和粉尘排放如堆质木料,堆质牛粪,牛粪秸秆混合物,珍珠岩和松树木混合物。图 8.6 展示的是水分和滤膜混合系统,空气可以横向或者纵向通过滤膜,通过湿润的生化滤膜,保证氨被快速固定。图 8.6 展示的

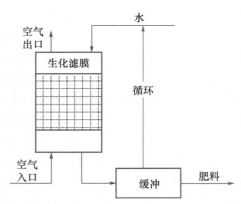

图 8.6　空气过滤收集通风系统

是简单模型,可以增加滤膜的数量加强减排效果,且不同阶段可以设计不同的滤膜,针对不同组成的空气粉尘进行专性吸附。并且酸化循环水的 pH,可以显著降低氨挥发(Melse et al.,2005)。

(7)覆盖储藏:室外储藏分多种类型,对于采用储藏罐储存的固体或固液混合的粪尿而言。表面覆盖则相对简单,首先需要储藏罐有良好的密闭和防渗,防雨性能,一般要求是水泥质地板和墙壁。覆盖固体粪便之前,需要利用车轮胎或者其他重物不断夯实粪便,以避免

残余的空隙中的空气与粪便反应,然后在粪便表面覆盖防雨膜,并在周围镇压重物避免空气和雨水进入。而对于粪尿混合的储藏罐或者泻湖,应选用秸秆或者其他轻质膨胀物可以浮在粪尿表面,避免表面的干湿交替过程促进氨挥发和甲烷等温室气体的产生。表面覆盖物的种类和覆盖的厚度对降低氨挥发和温室气体的影响较大。如覆盖剁碎的秸秆,对降低氨挥发效果不显著,且促进 N_2O 和 CH_4 的挥发。而选择木料覆盖,可以显著抑制干湿交替变化,避免雨水和风对粪尿储存的影响。表面覆盖物的厚度对抑制氨挥发影响显著,如玉米秸秆覆盖厚度为 140 mm 时,氨挥发减少 90%,而覆盖物厚度为 70 mm,氨挥发仅降低 20%。因此一秸秆覆盖的厚度一般要高于 10 cm,而轻质黏土的覆盖厚度要高于 20 cm。秸秆和轻质黏土覆盖较采用塑料膜覆盖要经济,但是秸秆和黏土在搅动粪尿时将被混合,并施入农田不能循环利用。塑料膜成本较高,但是可以重复使用。覆盖储藏可以显著地降低氨挥发,但是整个储藏罐不能完全密闭。完全密闭将导致厌氧细菌活性增加,增加甲烷的产生(Moorby et al.,2007)。

(8)注射施用:通过压力将粪尿注射施入土壤中,将避免粪尿中尿素水解产生的氨进入空气,因此可以降低氨挥发。传统的注射机器工作宽度为 6~9 m,一般行距调整范围为 20~30 cm。一般通过像鞋子头部的金属固件,将草或者作物分开,然后通过注射口头部的金属切割片或者切割刀破开土壤至 20 cm 左右,然后通过压力系统将储存罐中的粪尿混合物注射进入切割开的土壤中。因为需要破开土壤,因此对发动机的马力要求较高。且深施的深度对氨挥发及氧化亚氮的排放有显著影响。深施深度一般以高于 10 cm 为宜,如果注射深度深于 20 cm 则要求的机器马力更高,施肥成本增加(Döhler et al.,2012)。

(9)粪尿浅层快速覆盖:浅层覆盖的原理和注射施用相似。但是浅层覆盖也适用于化肥,且成本较低。浅层覆盖机器一般工作宽度为 3~6 m,行距调整宽度为 20~40 cm。一般由机器前部安装的犁,破开土壤至 5 cm,然后储存罐中的粪尿混合物立即随着管道流入犁开的土壤中,而后机器后部的部件可以在移动时,将犁开的土壤快速覆盖。如果不是犁土和覆土一体的话,也可以利用另外一台机器覆土。限制浅层覆盖对氨挥发抑制效果的因素主要有施用到覆土之间的时间间隔以及粪尿混合物的厚度。因此,浅层施用后快速覆盖可以避免粪尿的反应,降低氨的挥发(Döhler et al.,2012)。

8.2.4　技术实施效果

作为食物链模型的顶端,家庭消费的食品量对整个食物链底端的作物和畜禽生产有直接的影响。在所有减排措施中,降低粮食浪费和对高养分排放食物的消耗的减排的潜力最大。而农牧结合和降低食物在加工和消费环节的减排是针对整个食物链系统的,虽然减排率低,但是整体减排量高于关键环节的减排技术。作物和畜禽生产子系统的减排措施,只是针对某个过程,虽然减排量高但是对整个食物链系统的减排贡献并不大。

对于国家和区域尺度,通过 MITERRA-EUROPE 模型对欧盟 27 国各种减排技术进行评估,结果显示:降低作物和畜禽生产环节的养分投入对氨挥发,硝酸盐淋洗和 N_2O 的排放减排效果在所有的单一减排技术中是最优的。其他关键环节的减排措施,如在畜禽生产中关键环节的核心减排措施如果不配合其他措施,可以降低氨挥发,但是将稍微增加硝酸盐淋

洗和 N_2O 的排放（表 8.2）。但是配合平衡施肥等措施后，氨挥发、硝酸盐淋洗及 N_2O 排放的将显著降低。而在农田过程中，降低硝酸盐及 N_2O 排放的措施同时也可以促进氨挥发的降低，但是减排潜力较低。

表 8.2　欧洲减排技术施用效果　　　　　　　　　　%

核心减排措施	NH_3 挥发变化	硝酸盐淋洗变化	N_2O 排放变化
低养分含量饲料	−4.1	−2.3	−1.7
优化圈舍设计	−5.4	1.0	8.3
覆盖储存	−1.1	0.4	0.1
空气过滤收集	−2.7	0.7	0.3
有机肥改良施用	−18.1	2.9	12.1
平衡土壤化肥施用	−8.9	−28.0	−14.0
有机肥最大程度还田	−0.9	−2.7	−0.4
避免在雨季施用化肥	−0.9	−4.6	−2.3
避免在坡地施用化肥	−0.8	−2.4	−1.6
改良化肥施用方式	0.0	−6.3	−0.4
低养分饲料＋平衡肥料投入	−12.4	−29.1	−15.1
动物圈舍改良＋平衡肥料投入	−14.6	−27.2	−5.9
覆盖储存＋平衡肥料投入	−10.1	−27.7	−14.0
改良施肥方式＋平衡肥料投入	−24.4	−26.3	−4.2

　　针对农场尺度以荷兰 De Marke 农场为例。De Marke 农场与传统农场相比，氮素总投入减少 50%，化肥氮投入由每年 330 kg/hm² 减少到 52～96 kg/hm²，饲料氮投入由 182 kg/hm² 减少到 74～84 kg/hm²；牛奶和肉产量保持不变；氮素盈余由 487 kg/hm² 减少到 140～198 kg/hm²；氮素利用效率由 14% 提高到 27%～35%。氮素平衡状况与理想农场相当（Aarts et al.，2000）；通过养分综合管理措施，地下水硝酸盐含量由 220 mg/L 减少到 55 mg/L，接近欧盟规定的饮用水标准（50 mg/L）（Aarts et al.，2001）。

8.3　食物链养分优化管理情景展示技术

8.3.1　食物氮足迹（N-footprint）定量技术

8.3.1.1　技术概述

　　足迹的概念最初起源于生态学，即民众的生活行为对生态系统影响的一种定量指标。之后相继提出了碳足迹和水足迹的概念。氮（N）足迹是由美国弗吉尼亚大学 Galloway 教授提出的一种定量民众各种生活行为对活性氮产生的定量方法(Leach et al.，2012)。基于单位产品或服务的氮足迹概念，可以计算出不同尺度的氮足迹，包括个人、家庭、区域、国家以至全球(秦树平等，2011)。

　　了解和管理人类活动对地球上 C、N 循环的影响十分重要。在过去的 10 年中，我们在向公众宣传他们的行为对 C 循环以及环境的影响方面取得了巨大进步。基于两个原因，使这个宣传的内容没有包括 N 在内。首先是因为缺乏对 N 素科学的关注，其次是因为向公众解释 N 与环境相互作用的复杂关系本身非常具有挑战性。为了提高公众意识，Galloway——氮素研究的先驱科学家，组织了一个全球性的专家小组来研究发展氮足迹计算模型(N-PRINT)以使之成为一种民众教育的工具。

　　N-PRINT 项目的小组是由来自很多机构的氮素研究科学家组成：美国弗吉尼亚大学的 James Galloway 和 Allison Leach；荷兰能源研究中心的 Albert Bleeker 和 Jan Willem Erisman；美国马里兰大学的 Richard Kohn。他们建立了 N-Print 网页(http：// www.n-print. org，图 8.7)，网页包括三个主要内容：①形象的描述民众各种行为对活性氮产生的影响，及其对环境和生态系统的危害；②氮足迹计算器(N-Calculator)，可以定量各种行为对 Nr 产生数量；③通过情景分析，向民众展示如何通过各种行为来改变氮足迹(Change Your Nitrogen Footprint)。本节将重点介绍氮足迹计算器(N-Calculator)，展示各种生活行为对 Nr 排放的影响和如何通过改变生活习惯来减少或者增加 Nr 的排放。

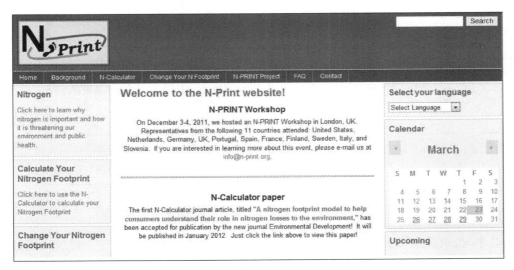

图 8.7　氮足迹(N-Print)网主页

　　它主要关注 4 种消费：食物、家庭、交通和商品及服务类消费。其中最主体的是食物消费，在美国，食物生产和消费占据人均氮足迹的 80%。通过输入吃了什么、吃了多少及其他能源消费行为，此软件就可展示个人对氮循环的影响。这个网站也对怎样减少个人的"氮足迹"提供了建议。这个工作团队希望通过这种网站宣传的方式既能增加 N 素问题的公众认知度，又能引导更多的人加入到这个行动中来，以达到调整人类的生产生活方式，从而减少活性氮危害的目标。到目前为止，他们已经发展了美国、荷兰和德国的氮足迹计算器，下一步将发展中国、坦桑尼亚、印度、英国和葡萄牙的氮足迹计算器。

8.3.1.2 技术原理

氮足迹包括食物消费和生产中所承载的氮以及化石燃料燃烧所排放的NO_x,全部用活性氮统一表示。氮足迹的计算主要是基于生命周期分析的概念,通过分析研究对象在其生产、储存、运输及消费过程中投入与产出的活性氮来定量氮足迹的大小(秦树平等,2011)。各消费领域的氮足迹是利用一个国家人均消费数据进行计算的,进而可计算该国家人均氮足迹及全国氮足迹。当有人回答其个人资源消费情况的问题后,其所在国的人均氮足迹的结果便可以通过这些答案进行定量调整。

对于食物氮足迹这一块,主要分为两个方面进行计算:食物消费和食物生产(图 8.8)。

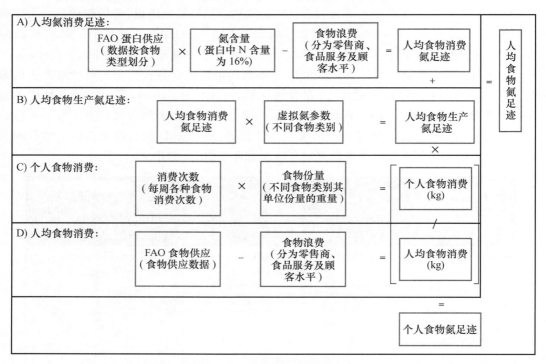

图 8.8 **N-PRINT 模型中食物消费部分氮足迹的计算原理图**

其中,蛋白供应和食物供应数据来自于 FAO。虚拟氮指的是食物生产过程中用到的所有氮,不包括消费的食物产品中的氮,比如食物加工过程中丢失的作物或者动物类产品,当然也不包括食物生产过程中交通或其他途径的能源消耗所排放的活性氮。而虚拟氮参数是通过将全部可利用氮里损失的氮区分出来,从而明确每单位氮消费中有多少活性氮排放到大气中。

8.3.1.3 技术规程及指标

由于氮计算器既是一个计算工具,也是一个展示工具,所以指标分为两个部分:

1. 计算指标

氮足迹作为一种定量民众各种生活行为所产生活性氮的计量方法,其包含的指标是相对复杂的。以食物为例,由于食物部分分为两个方面,所以其采用的技术规程与指标也是不同的。

(1)食物消费:计算食物消费的氮足迹需要人均食物消费数据和食物中氮含量的数据。国际粮农中心(FAO)提供了不同食物类型的人均消费及蛋白提供的数据(FAO,2011)。不过每个国家一般都有其自己的数据,但用 FAO 的数据有利于进行不同国家之间的比较。

计算食品消费氮足迹时,采用的是 FAO 中国家内不同食物类别的蛋白供应数据,除了上面提到的问题中列出的食物以外,还包括动物脂肪、动物内脏、羊肉、羊羔等肉类、水果、油料作物、香料、糖和甜味剂、糖类作物和菜油。用蛋白供应数据直接进行计算氮足迹而不是用食物消费数据,是由于 FAO 数据库中提供的食物消费数据指的是未烹饪的食物,包括不能食用的部分(如骨头),这样的数据不够准确。不过仍需要利用食物供应数据来估计食物人均消费的分量。

蛋白供应数据指的是消费中可利用的蛋白含量,而不是指实际消费量。因为实际消费量不包含食物零售、食品服务及消费过程中的食物浪费。氮消费的数量取决于蛋白消费量,一般将单位质量的蛋白质内 N 含量定为 16%(Leach et al.,2012)。

氮计算器中所问的问题是用于获取个人每星期消耗不同食物的量,从而明确其一年消耗的食物重量,用于最终计算个人氮足迹。

(2)食物生产:不同的食物需要不同数量的氮去生产可消费的食物产品。在计算作物和动物产品的氮足迹时,开始都是计算生长一种作物排放的活性氮,但动物产品氮足迹计算还要包括动物生产过程中排放的活性氮。图 8.9 和图 8.10 分别是 Alley leach 博士采用 N-PRINT 模型所做的美国典型农场玉米与牛肉在生产过程中的氮素流量图。

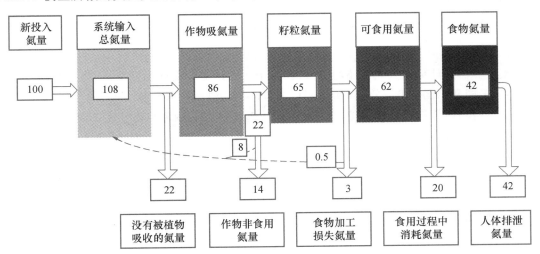

图 8.9 氮足迹(N-PRINT)模型所做的美国玉米氮素的主要去向

Galloway 教授和 Leach 博士通过每单位活性氮消费所排放到环境中的活性氮计算虚拟氮含量。他们估计了以下主要食物在发达国家的虚拟氮参数:家禽、猪肉、牛肉、牛奶、蔬菜、淀粉块根、豆类和粮食(表 8.3),其他食物类别则参照已有参数中类似生产过程的食物参数。

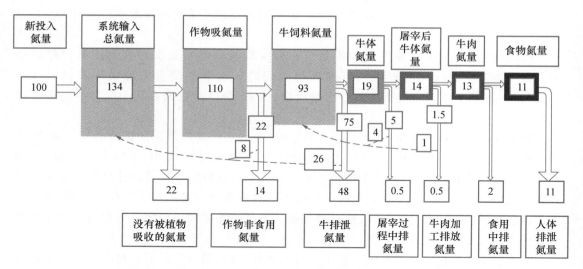

图 8.10　氮足迹(N-PRINT)模型所做的美国牛肉氮素的主要去向

表 8.3　主要食物虚拟氮参数表(发达国家)

食物类别	虚拟氮参数	食物类别	虚拟氮参数
动物产品		作物产品	
家禽	3.4	蔬菜	10.6
猪肉	4.7	淀粉块根	1.5
牛肉	8.5	豆类	0.7
鱼和海产品	3.0	粮食	1.4
牛奶	5.7		

2. 展示指标

氮计算器是计算个人氮足迹的工具,在其个人氮足迹计算展示网页上,由于目前仅完成了荷兰、美国和德国的氮计算器,所以网页上可选择的语言也只包括 3 种:荷兰语、英语和德语。接着得相应地选择计量单位(如 kg、m),并选择所在的国家(荷兰、美国和德国)。这样网页的右边便会出现你所在国家的人均氮足迹结果,共有 2 种展示方法(图 8.11)。

在完成这些步骤之后,便进入个人问题回答部分,所问到的问题会包含 4 个方面:食物消费、住房、交通、商品和服务。以食物部分为例,计算器使用者得回答其一周的食物消费量,主要是不同食物的消费次数(图 8.12)。当回答问题时,需考虑你所吃食品中不同食物的含量,例如比萨中包含了谷物、蔬菜和肉等。

在答案中,一周消费一次就是等于一个份量。比如,一个人一周吃了两次鸡,就相当于这个人这个星期消费了 2 只鸡的份量。在回答问题前,需得先了解不同食物份量。以美国为例(表 8.4)。

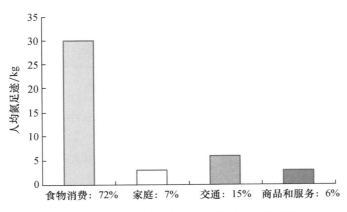

图 8.11　N-Print 网页上展示的美国人均氮足迹

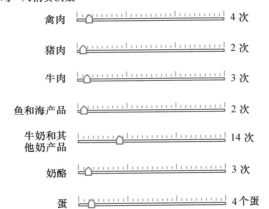

图 8.12　氮计算器中食物消费问题

表 8.4　美国氮计算器食物份量

食物类型	美国食物单位份量/g	美国食物单位份量(举例)一般单位
动物产品		
家禽	200	7 oz,煮熟的;或者 2~3 块炸的
猪肉	200	7 oz,煮熟的;或者 5 片切肉
牛肉	200	7 oz,煮熟的;或者 5 片切肉;或一个中等牛排
鱼和海产品	170	6 oz,煮熟的;或者一份金枪鱼三明治的鱼肉
牛奶和其他奶产品	200	一杯牛奶;或者一杯酸奶/冰激凌
奶酪	40	2 oz;或者 2 片
鸡蛋	50	1 个鸡蛋
蔬菜产品		
小麦和其他谷物	100	一片面包;或 2 碗谷物;或一碗煮熟的意大利面;或一个面包圈

续表 8.4

食物类型	美国食物单位份量/g	美国食物单位份量(举例)一般单位
大米	180	一碗,煮熟的
蔬菜	180	一碗蔬菜;或 2 碗绿色沙拉;或一碗马铃薯酱
水果	160	一个中等大小的水果;或一碗打碎的果肉;或一杯果汁
豆类	80	半碗煮熟的豆子
马铃薯	160	一个大的烤土豆;或者一杯炸薯条
坚果	60	半碗坚果
咖啡或者茶	10	一杯咖啡或茶
酒精类饮料	200	一份 12 oz 的啤酒;或一杯 5 oz 的白酒

注:1 oz=28.349 5 g。

在回答完一系列问题后,该计算器便会展示出使用者的个人氮足迹结果。

8.3.1.4 技术实施效果

Galloway 教授和 Leach 博士利用美国和荷兰的数据已经完成了该两国的氮计算器。结果表明:美国人均氮足迹为 41 kg/年,而荷兰为 25 kg/年。其中,美国食物生产占据了 30 kg/年,这 30 kg/年中 25 kg/年在食物消费前便进入环境中了,只有 5 kg/年是在消费后排放到环境中;而荷兰食物生产占据了 22 kg/年,这 22 kg/年中 21 kg/年在食物消费前便进入环境中了,仅有 1 kg/年是在消费后排放到环境中(Leach et al.,2012)。

Galloway 团队同时利用该在线个人氮足迹计算软件计算了德国、美国和荷兰的个人氮足迹,结果表明:美国的个人氮足迹最大,每人每年为 38 kg(N),其中食品消费占 74%;德国其次,个人氮足迹为每人每年 30.6 kg(N),其中食品消费占 85%;荷兰最小,每人每年为 28 kg(N),其中食品消费占 72%(秦树平等,2011)。

在 N-Print 网站上,针对人们的食物消费方式提出了几点建议:①改变你的食谱:试着选择一些来自更可持续的农场生产的食物;②调整你的饮食消费使之仅达到推荐蛋白质的需求量(如成人每天每千克体重需摄入蛋白质 0.8 g);③在你的选择范围以内既要考虑蔬菜蛋白,又要考虑动物蛋白;④如果你选择消耗动物蛋白,考虑选择低 N 含量的肉制品;⑤减少食物浪费。在此,举一个简单的例子:在氮计算器内,笔者选择国家为荷兰,并相应回答 4 个部分的问题,对于食物消费(food consumption)部分,牛肉和鸡肉每食用次数分别选择 3 次和 2 次,得出结果为 24 kg(图 8.13 左)。但若将答案改成一周吃 5 次鸡肉、不吃牛肉时,则笔者个人的食物氮足迹降到了 19 kg(图 8.13 右),其主要原因是鸡肉相对牛肉来说氮含量更少。

2011 年 2 月成立网页并推出了在线计算器后,从那时起,它已被超过 5 000 人测试和使用过了(Leach et al.,2012)。但是由于来自荷兰、美国和德国这 3 个国家以外的国家的个人,在使用该在线软件时,只能选择这 3 个国家之一的计算器,使得得出的结果可能是不符合实际的氮足迹数据。比如食物消费的份量设定,中国人的饮食结构包括烹饪方法都是与西方国家不同的,所选择的饮食单位也是不同的,利用网页上已有的计算器进行计算必然会

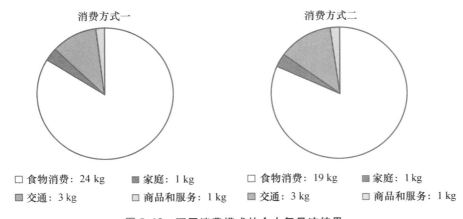

图 8.13 不同消费模式的个人氮足迹结果

带来结果的偏差。因此,应积极发展中国的氮足迹计算模型,便于向民众进行展示。

8.3.2 食物生产与消费环境影响展示技术(N-visualization)

8.3.2.1 技术概述

氮素在地球上是含量最高的元素之一,然而近几十年来,人类活动引发的活性氮量的增加已经严重地改变了地球的生态平衡,引起一系列的环境、社会和经济问题。自然区域和地表水的富营养化、土壤酸化、地下水硝酸盐污染;以及形成了影响人类健康和地球辐射平衡的气溶胶和对人体和植被有影响的臭氧;当氮素转化成氧化亚氮时,又会影响到全球气候变化。

为了更容易地增进人们对活性氮造成的污染的认识,荷兰科学家开发出了动画形式的氮可视化模型(N-visualizatuion)。该模型最初是在 2008 年巴西氮大会上向全世界的氮素方面有关科学家展示的,通过运用 Flash 动画配以讲解,形象生动而且直观地向人们展示了氮素的利用历史以及近些年过量的氮素所引起的一系列的环境问题,以此警示人们氮素过量的巨大危害,并通过 8 个影响氮素排放的人为因素的改变,让模型使用者在操作过程中找到对环境和社会两者都有利的消费行为和措施,达到改善生存环境的目的。

技术适用边界为氮素过量引起的各种环境和社会问题,研究对象包括 4 种土地利用方式,6 种主要的碳氮污染物,7 种气候环境变化指标和 7 种社会繁荣指标,以及两项综合指标等。

8.3.2.2 技术原理

除去 Flash 动画的展示部分,氮可视化模型(N-visualization)主要包括输入和输出两个模块。

输入模块主要围绕 8 个问题来展开:

(1)用于能源生产的作物数量的变化;

(2)农业集约化程度的变化;

(3)农业用地与自然用地的转化；

(4)肉类消费量的变化；

(5)交通运输效率的改变；

(6)能源生产与节约数量的变化；

(7)农业生产过程中氮素利用效率的改变；

(8)新能源(非生物质)制造量的变化。

通过上述 8 个问题的输入数量变化，得到一系列的输出参数，具体见表 8.5，该表格中第二列为 2030 年的预测参考值，"结果"部分为通过随意改变输入参数(自然用地面积减少 5%，农业集约化程度降低 10%，能源利用效率提高 5%)得到的。通过与 2030 年的参考值对比，模型中用一个笑脸或者哭脸直观指示使用者对某个选项变化的决定是否有利于环境和社会现状(绿色笑脸为有利，红色哭脸为不利，粉色平脸为没有变化)。使用者的目标是通过各个选项的变化，力求找到一个所有输出项都为绿色笑脸的对环境和社会均友好的选择。

表 8.5　氮可视化模型(N-visualization)中输出参数

输出	参考值	结果	单位	改变量/%
食物生产	43	45.2	%	5
能源生产	10	10	%	0
自然	43	40.9	%	−5
城市	4	4	%	0
气体排放				
NO_x	64	62.1	100 万 t NO_x-N	−3
NO_3	35	35	100 万 t NO_3-N	0
NH_3	74	73.9	100 万 t NH_3-N	0
N_2O	3.8	3.9	10 亿 t CO_2 当量	2
CO_2	39	37.9	10 亿 t CO_2	−3
CH_4	9.5	9.5	10 亿 t CO_2 当量	0
环境影响				
全球变暖	2.5	2.48	升温（℃）	−1
空气质量	4	3.9	使用寿命损失（年）	−1
饮用水	100	100	硝酸盐超标	0
水体富营养化	15.8	15.7	沿海流域的氮输入(100 万 t 溶解无机氮)	−1
臭氧层	29	28.6	臭氧层空洞（10^6 km^2）	−1
酸化	29	28.2	年平均沉降（mmol N+S/m^2）	−3
饥饿	443	425	×10^6 人	−4
生物多样性	−33	−34.5	国际联盟物种保护红色列表上的物种	5

续表8.5

输出	参考值	结果	单位	改变量/%
健康指数	76	76.1	平均预期寿命（年）	0
社会因子				
繁荣指数	1	1.01	任意单位	1
可利用食物	3 050	3 203	每人每年可利用卡路里	5
人工化肥	188	196	100万t	4
交通	79	79	100万桶油的需求	1
能源利用总量	17 000	16 200	100万t油当量	−5
生物质能利用量	1 700	1 700	100万t油当量	0
收入因素	100	98	任意单位	−1.74

8.3.2.3 技术内容

N-visualization 模型的目录分为四部分（图 8.14），使用者可依次进入四个部分进行学习和操作。第一部分是了解氮素利用历史的 Flash 动画（图 8.15）；第二部分是认识氮素过量引发的各种环境问题的 Flash 动画（图 8.16），前两部分中包含的每一个小问题都可以分别点击分别观看，也可以依次全部观看；第三部分是分为 Flash（图 8.17）和 Excel 两种格式，前者可以直观地看到各项指标的变化，后者有具体计算公式可以看到这些变化的指标是

生物固氮

图 8.14　氮可视化模型操作界面目录

如何得出的；最后一部分是参与制作模型的机构链接，如果想了解更多关于氮可视化模型的信息可以参考这部分。下面进行具体介绍：

第一部分的 Flash 动画，讲解了氮素从最初的生物固氮到人类开始进行农业生产，化肥的发明和使用，集约化农业生产到全球化，还有生物燃料和新能源的开发使用这一系列发展过程及伴随的各种形态氮素的产生和损失过程。通过这一部分的学习了解，让模型使用者对于氮素的得失有了更清楚的认识。

第二部分的 Flash 动画，演示了过量氮素引起的全球生态系统变化，包括全球变暖、酸雨、空气污染、生物多样性损失、臭氧层空洞、地表水和海水质量下降、饮用水污染这些严重问题，以及引起这些变化的主要碳氮化合物的种类，并对从 1850—2030 年这些问题的变化历史和变化趋势进行了模拟演示。通过这一部分，让模型使用者认识到过量氮素使用造成的问题的严重性，以激励人们合理使用氮素，同时也为第三部分减少氮素使用的行为和决策提供了评价指标。

图 8.15　人类产生以后的地球氮素利用历史变化

第三部分是模型核心部分,用户决策选择操作界面。其中的 Flash 操作界面(图 8.17)可以供所有用户进行操作,Excel 部分可供科研人员和对氮可视化模型非常感兴趣的人进行数据分析学习。以下重点介绍 Flash 操作页面,此界面中共有 8 个可选择的输入项问题,左右拖动红色模块改变他们的数值大小,然后按"Go"键就可以看到因为用户的选择变化到2030 年时,相应的各种指标变化:气体排放、环境影响和社会因子,以及右上角的土地利用方式比例和两项综合指标(可持续发展指数和收入)。社会因子的指标采用了部分抽象概念(繁荣指数、健康指数),这些概念让模型使用者对社会发展的认识更加直观,对其进行数字化处理。界面左下方有 10 个储存符号,可以储存最近 10 次的操作结果,方便进行对比分析。模型使用者通过不断调整对 8 个问题的选择,以期可以得出让所有哭脸都变为笑脸的对环境和社会都是有利影响的最佳模式。

举例说明(图 8.18):增加农业的集约化程度以后,对环境因子的影响非常差,故环境影响部分结果全部为红色哭脸;而对社会因子而言,交通能源还有化肥使用都大大提高了,这对环境极为不利,所以结果也是哭脸;而粮食产量因此增加,饥饿人口减少,社会繁荣指数提高了,因此相应指标为绿色笑脸。

8.3.2.4　技术应用与效果

氮可视化模型形象的向人们展示了氮素的利用和由此产生的一系列问题。模型的研发者目前仍在对模型不断地进行开发,通过调整模型的参数将模型从全球尺度逐步扩大为大

(a) 引起全球变暖 (Global warming) 的主要气体种类和全球变暖趋势的扩大

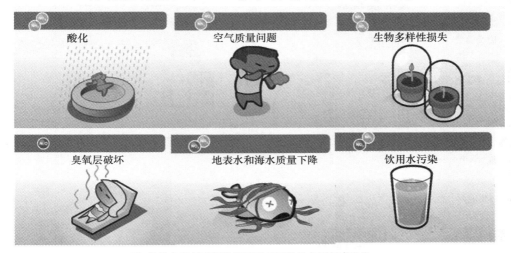

(b) 其他各种氮素污染以及引起污染的主要氮素种类

图 8.16   不同形态的过量氮素引发的环境问题

洲尺度,每一个洲都将有自己的一套计算模板,让预测结果更加精确,让模型也可以为政策制定者们服务。

目前,模型的研发者除了在巴西氮大会上对模型进行了第一次应用测试以外,同时将模型以及所有参数和计算公式都放在网上作为公开资源供所有感兴趣的用户学习使用和修正。另外,氮可视化模型的应用早已经进入了教育领域,在荷兰几所高校,例如,瓦赫宁根大学,每年都定期开设课程给学生培训讲解氮可视化模型的使用,学生们对这些模型都非常感兴趣,这样一方面扩大了模型的应用和影响力,能够让更多的同学了解使用该模型,同时可以向同学们征求对模型的意见建议,更好地改进模型。而通过对模型的了解与认识,也让同学们对如何减少氮素排放的行为措施有了深刻认识,这样既轻松达到了教育学习的目的,又给同学们今后日常生活中的环保行为进行了指引。

对于政策制定者而言,氮可视化模型是一个值得向大众推广的生动形象、简单直观的宣传教育工具,而且通俗易懂,群众易于接受。利用这种简单又有科学性的模型去引导人们约束自己的日常消费行为习惯,倡导环境友好和资源节约,劝服人们更好地为保护环境做出自己力所能及的贡献。

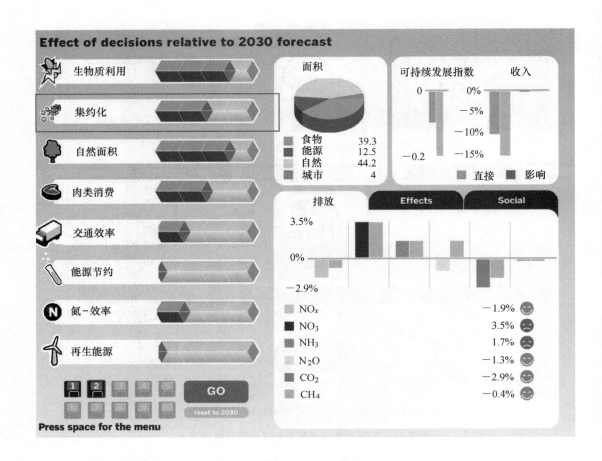

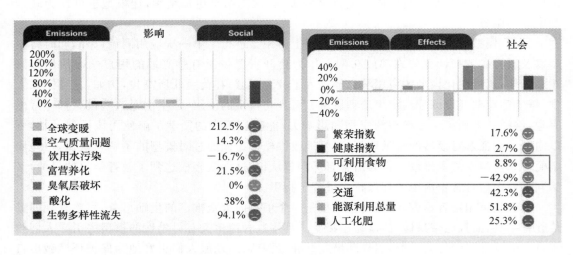

图 8.17　氮可视化模型的用户决策选择操作界面（决策对到 2030 年的影响）

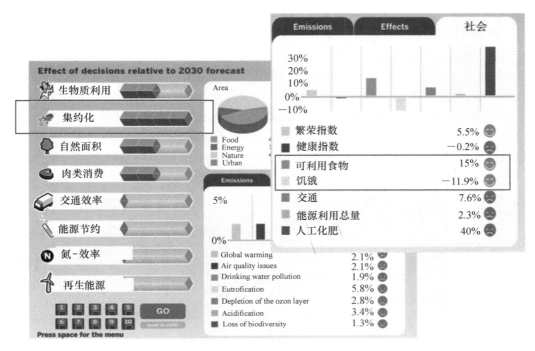

图 8.18 氮可视化模型的用户决策选择操作界面示例

8.3.3 食物生产与消费经济效益展示技术(N-NitroGenius)

8.3.3.1 技术概述

在很多国家,由于氮素排放产生了一系列的环境问题,进而又引起各种经济和社会问题。而氮素流动过程中存在着复杂的相互作用,很多有关控制和治理政策的制定都只关注其中的某一部分,没有考虑系统中的相互作用和对其他问题可能造成的影响(Erisman et al.,2001)。因此,尽管人们也采取了各种措施控制活性氮的排放及其可能产生的影响,但这些措施往往达不到预期的效果。针对这种情况,荷兰科学家开发了计算机模拟游戏形式的氮决策支持系统(N-NitroGenius),以帮助科学家和决策者寻找解决荷兰氮污染问题的方法,同时可生动形象地展示给广大使用者,以求通过多方努力达到最大程度地减少氮素污染的结果。

氮决策支持系统最初是为荷兰本国开发的,因为荷兰本身存在着严重的氮污染问题,且有大量的数据可供建模使用,如土地利用、土壤质地、水文(地下水位、排水量、径流量)、污染源(每个部门向大气中的污染物排放)、肥料使用以及气象数据(温度、风速、降雨等)等。模型中减排措施选择需要每一项行为和措施的投入、每个部门的雇员以及每个部门的总体经济数据等作为支撑,模型参数包括了活性氮或水文流动过程中的各个环节,如排放、反硝化作用、滞留、固定、矿化、蒸发、蒸腾、截留等。

开发 NitroGenius 的目的在于:①更加清楚地认识荷兰农业、工业、运输业内所普遍存在的活性氮的复杂关系;②以最小的经济代价和社会影响寻求能够阻止氮污染及其影响的最佳方法和策略。该决策支持系统,包括了相关尺度上氮流动过程中的关键参数,以及不同减排措施的特征参数,从而可精确判断不同决策措施带来的结果。

氮决策支持系统模型(NitroGenius)是以游戏的形式开发出来的,生动形象地向人们展示了解决氮污染问题的各种方法,让使用者能更好地判断选择不同的措施所能得到的结果,同时也可以避免对其他环境问题所带来的不可预见的影响。模型可供四个参与者同时操作,每个参与者扮演不同角色:政府、消费者、企业家、农场主(图 8.19),并选择不同减排措施,目标是取得最高得分,在最小的经济消耗和社会影响的基础上共同解决氮素污染问题。

图 8.19　NitroGenius 用户角色选择界面

注:在所选角色下输入玩家的名字。Government:政府;Industry:工业;Agriculture:农业;Society:社会

技术适用边界为氮流动过程中所有的关键性相互作用,包括农业和工业生产过程中的一系列氮素流动。

8.3.3.2　技术原理

氮决策支持系统描述了氮素流动过程中各种相关的相互作用,足以对现在和未来的实际结果进行模拟,而且可以随一系列控制措施的选择而变化。该系统包括几个耦合的子模型,基于这些子模型计算出各种氮素的流动,再将其融合入游戏界面中,通俗易懂的展示给大众。

A. 基于人类活动和治理措施计算大气中氮排放量的子模型;

B. 模拟农业系统中氮流动以及氮向地下水和地表水中排放的 INITIATOR 子模型;

C. 氮沉降模型以及计算臭氧富集和影响参数的子模型;

D. 社会和经济状况子模型。

在模型展示方面,NitroGenius 以分角色游戏的形式进行,游戏和模型本身之间有十分密切的关系。游戏可以看作是对虚拟世界中一个或多个游戏者采取不同行为所产生结果的模拟。于是游戏者就成为模拟过程中的一部分——"人类因素"。不同游戏者担任不同角色,有各自的不同盈利和社会生活目标,同时又要共同完成解决氮污染的任务。

游戏完全模拟人类正常的社会生活进行,游戏者有自己固定的预算去完成自己的个人和社会目标,各角色之间的经济关系如图 8.20 所示。另外,开发者引入了例如幸福指数这类因子评价人们对生活的满意度,幸福指数总体可以由三类指标确定:经济(收入、工作、税务、补贴等);环境(自然环境、气候变化、环境污染等);健康(压力、生病、癌症等)。然后,根据这些指标再制定相应的公式计算幸福指数。

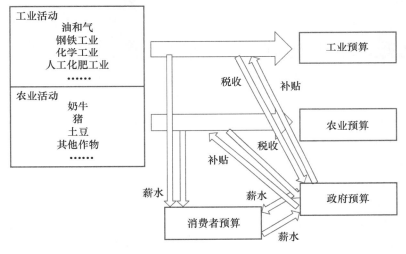

图 8.20　经济关系和角色的预算

8.3.3.3　技术内容

使用该模拟系统有两种方法,它既可以作为一个单独的决策支持系统,也可以作为一个多用户的模拟游戏,这两种情况下都包括所有的模拟组分。下面介绍作为模拟游戏形式展示的氮决策支持系统如何操作使用。

减排措施选择是游戏的核心组成部分,用户通过不同减排措施的选择达到取得最高分的游戏目的。在 NitroGenius 模拟游戏系统中,减排措施有一个独立的数据库,包括每项减排措施的名称和代码、简单的描述、对特定参数的影响,以及它会影响到的经济部门。目前,该数据库中有将近 50 个选项可供选择,包括 1 项政府措施,12 项农业措施,27 项工业措施,7 项消费者措施(仅挥发类减排)。具体步骤如下:

第一步,进入模型界面后选择角色,输入参与者的姓名,进入游戏(图 8.21)。

图 8.21　NitroGenius 模拟游戏角色选定

注:农场主玩家名称为 student

　　游戏经历的时限假定为 30 年,并划分为几个阶段,每个阶段的操作时间不超过 3 分钟。在这期间,游戏者可以根据自己扮演的角色在 7 个不同选项中任意选择。为了达到游戏的效果,在模拟游戏中规定了许多限制因素,并要在界面上方规定的时间内完成所有的选择。游戏者将面对自己及其他游戏对手的行为所带来的结果,且能影响这些结果。每一轮的预算是 2 000 欧元,用这些预算需要完成的目标也都显示在操作界面上(图 8.22)。游戏者采取一系列合理的(有一定限制的)行为后,模拟系统会迅速地显示游戏者行为所带来的结果,游戏者可以选择扮演政治家、消费者、企业家或者农场主的角色,而扮演这 4 个角色的玩家也可以组成一个集体共同操作游戏。

　　在显示选项的界面中,还包括一个对不同环境模型氮输出的详细描述,例如地下水中的氮、地表水体中的全氮含量、氮沉积,以及每年的 NH_3、NO_x 和 N_2O 的排放量等(图 8.23)。同时还有社会-经济模型的输出结果,例如各个部门的 GDP 和失业率,这些都是游戏者进行决策时所需要的基本信息,都可以记录并保存下来,以帮助游戏者做出决定。

　　在四个角色中,每一个游戏者都有自己的目标和得分,企业家和农场主的主要目标是赢得经济利润,政治家的目标是获得良好的公众影响,消费者的目标是赢得舒适的生活。但作为整个集体而言,其目标应该集中于解决氮素污染问题。当政治家、企业家和农场主确定了自己的选项后,如果消费者对他们的决定不满意,还可以做出反抗,阻止其他三个游戏者所做出选项中的一项,从而平衡游戏中的输入条件(图 8.24)。

　　如此循环,每个阶段结束后,报纸会显示你最近的新闻进展情况及所采取行为的列表(图 8.25)。

图 8.22　NitroGenius 模拟游戏角色扮演

注:农场主玩家名称为 Student,政府角色玩家名称为 R2D2,企业家玩家名称为 Archie,

消费者玩家为 Marvin,具体解释见上一段文字

展示进展效果的页面(图 8.26):

当继续进行下一轮游戏时,将会出现几个新的减排措施方案,从而又开始了新的选择和计算过程。在游戏过程中可能会发生环境灾难,这取决于不同模型输出结果的发展情况。整个游戏过程,大约持续 1 h。游戏中,完成任务最出色的游戏者将成为个人获胜者,完成总体任务最好的集体则会赢得整场比赛(图 8.27)。

8.3.3.4　技术应用与效果

尽管把氮决策支持系统制作为一个游戏模拟过程,但它的优点是非常明显的:

(1)该游戏可以为决策者提供一个经济、有效而且安全的试验途径(在游戏规则以内,NitroGenius 支持假设情景的分析)。

(2)可以通过游戏的方式加强公众对这些科学问题的兴趣,从而提高公众的环保意识(例如增加大众对活性氮管理综合特征的科学意识)。

(3)游戏有利于知识的传播,帮助初学者理解复杂的科学理论和问题等。NitroGenius 可以通过报告的形式演示不同管理措施的效应。

(4)游戏可以增加对复杂问题的认识。因为即使对专家来说,有时也会因为所面临的问题过于复杂而难以理解。

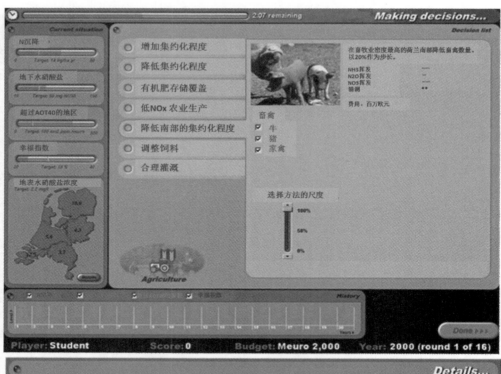

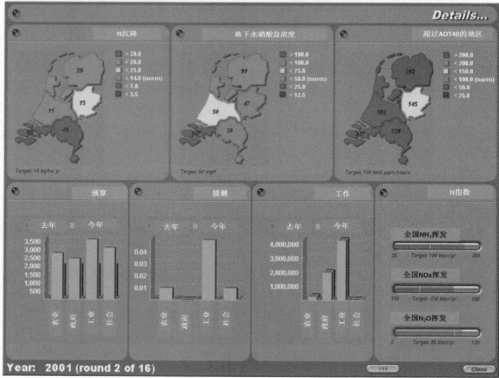

图 8.23　不同参数的详细评价

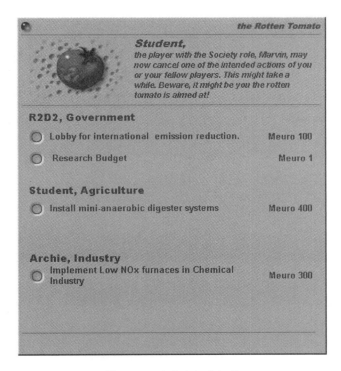

图 8.24　消费者权益保护

注:消费者 Marvin 将取消小组内其他三个角色的某一项拟采取行动,下面则是政府 R2D2、

农场主 Student 和企业家 Archie 三个角色所拟采取的行动及对应的花费

图 8.25　对角色扮演行为的模拟最新新闻报道

注:左边为各角色分数排行

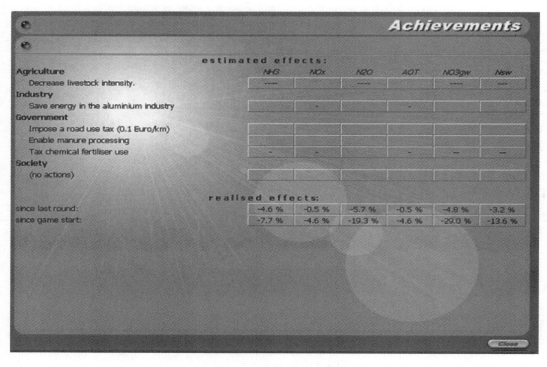

图 8.26 最终模拟结果展示

图 8.27 游戏最终结果展示

注:农场主 Student 获得最高分

2001 年 10 月在美国召开第 2 届国际氮大会期间,NitroGenius 游戏得到了广泛的使用。在会议期间,大约有来自 50 个组织的 85 人使用了该游戏软件。游戏中每一轮的结果(采取的行为和参数的变化)和每一次游戏的最终结果,都被记录在一个二级数据库中。对这些结果的分析表明,有几个组织可以解决荷兰的氮污染问题,也就是说,他们能够把环境影响参数降低到荷兰政府规定的指标以下。然而,这些组织所采取措施的许多结果,却带来了很大的社会和(或)经济问题。当环境得到初步的改善时,GDP 的增长趋势很明显。然而,要想使环境得到较大的改善,就既需要 GDP 的高速增长,也需要其非常缓慢的增长。这表明当选择管理措施时,一个好的策略及其具体的实施过程是非常重要的。在使用了该游戏的小组中,得分最高的小组刚开始时并没有选择治理措施,而是首先通过扩大再生产增加其财政预算,当它们的财政预算得到增加后,他们才采取治理措施以达到改善环境的目标。

NitroGenius 在应用期间得到了广泛的好评,许多游戏者建议将这一游戏软件应用于教育,以说明活性氮管理问题的复杂性,同时还可以作为一个决策支持系统和一个辅助工具,以帮助不同的人实现更好的交流和相互理解。

这 10 年间,模型制作团队做出了很多努力继续改进模型,他们在荷兰瓦赫宁根大学用 NitroGenius 进行教学,并统计了学生们的游戏结果,一方面达到了教育的目的,另一方面也利用学生们操作的结果作为改善模型的依据。让模型不断完善,将来可以达到为政策制定者们服务的目的。

参考文献

陈新平,张福锁.2006.,小麦-玉米轮作体系养分资源综合管理理论与实践.北京:中国农业大学出版社.

刘东,王方浩,马林,等.2008.中国猪粪尿 NH_3 排放因子的估算.农业工程学报,24:218-224.

吕凡,何品晶,邵立明,等.2003.餐厨垃圾高温好氧生物消化工艺控制条件优化.同济大学学报,31:233-238.

马林,魏静,王方浩,等.2009a.基于模型和物质流分析方法的食物链氮素区域间流动——以黄淮海区为例.生态学报,29:475-483.

马林,魏静,王方浩,等.2009b.中国食物链氮素资源流动特征分析.自然资源学报,24:2104-2114.

秦树平,胡春胜,张玉铭,等.2011.氮足迹研究进展.中国生态农业学报,19:462-467.

王方浩.2008.基于养分流动分析的中国畜牧业发展战略研究.[学位论文].中国农业大学,北京.

王激清,马文奇,江荣风,等.2007.中国农田生态系统氮素平衡模型的建立及其应用.农业工程学报,23:210-215.

魏静,马林,路光,等.2008.城镇化对我国食物消费系统氮素流动及循环利用的影响.生态学报,28:1016-1025.

许俊香.2005.中国"农田-畜牧-营养-环境"体系磷素循环与平衡.[学位论文].河北农业大学,保定.

张福锁,马文奇,陈新平.2006.养分资源综合管理理论与技术概论.北京:中国农业大学出版社.

邹苏焕,宋兴福,刘够生,等.2004.双菌固态发酵处理餐厨垃圾.食品与发酵工业,30:63-68.

Aarts H F M, Habekotte B, Van Keulen H. 2000. "Nitrogen (N) management in the 'De Marke' dairyfarming system. "Nutrient Cycling in Agroecosystems,56: 231-240.

Aarts H F M, ConijnJ G, Corre W J. 2001. "Nitrogen fluxes in the plant component of the 'De Marke' farming system, related to groundwater nitrate content". Netherlands Journal of Agricultural Science,49: 153-162.

Broderick G A. 2003. Effects of Varying Dietary Protein and Energy Levels on the production of Lactating Dairy cows. Journal of Dairy Science,86:1370-1381.

BREF. 2003. Reference document on best available techniques for intensive rearing of poultry and pigs. Intergrated Pollution Prevention and Control (IPCC). July.

Canh T T, Aarnink A J A, Schulte J B,et al 1998. Dietary protein affects nitrogen excretion and ammonia emission from slurry of growing finishing pigs. Livestock Production Science,56:181-191.

Döhler H, Brigitte E M, Regina R,et al 2012. Systematic cost-benefit analysis of reduction measures for ammonia emissions in agriculture for national cost estimates. UN ECE-Convention on long-range transboundary air pollution-Task Force on Reactive Nitrogen. Report No. (UBA-FB) 001527/E. http://www. uba. de/uba-info-medien/4207. html.

Erisman J W, de Vries W, Kros H,et al. 2001. <An outlook for a national integrated nitrogen policy. pdf>. Food and Agriculture Organization of the United Nations Statistics, Accessed 15 June 2011, http://faostst. fao. org/site/345/default. aspx.

Galloway J N, Townsend A R, Erisman J W, Bekunda M, Cai Z, Freney J R, Martinelli L A, Seitzinger S P, Sutton M A. 2008. Transformation of the nitrogen cycle: recent trends, questions, and potential solutions. Science,320:889-92. DOI: 320/5878/889 [pii]10. 1126/science. 1136674.

Lachance Jr I, Godbout S, Lemay S P, Larouche J P, Pouliot F. 2005. Separation of pig manure under slats: to reduce releases in the environment. ASAE Paper No. 054159.

Leach A M, Galloway J N, Bleeker A, Erisman J W, Kohn R, KitzesJ. 2012. , A nitrogen footprint model to help consumers understand their role in nitrogen losses to the environment, Environmental Development,1: 40-66.

Ma L, Ma W Q, Velthof G L,et al. 2010. Modeling Nutrient Flows in the Food Chain of China. Journal of Environmental Quality, 39: 1279-1289. DOI: Doi 10. 2134/ Jeq2009. 0403.

Ma W Q, Li J, Ma L,et al 2008. Nitrogen flow and ues efficiency in production and utilization of wheat, rice and maize in China. Agricultural systems, 99: 53-63.

Melse R W, Ogink W M, Rulkens W H. 2009. Air Treatment Techniques for Abatement of Emissions from Intensive Livestock Production. The Open Agriculture Journal, 3: 6-12.

Moorby J M, Chardwick D R, Scholefield D, et al. 2007. A review of research to identify best practice for reducing greenhouse gases from agriculture and land management. Prepared as part of Defra Project AC0206.

Svenson C. 2003. Relationship between content of crude protein in rations for dairy cows, N in urine and ammonia release. Livestock Production Science, 84: 125-133.

Trenkel M E. 2010. Slow-and Controlled-Release and Stabilized Fertilizers: An Option for Enhancing Nutrient Use Efficiency in Agriculture. International Fertilizer Industry Association (IFA).

Vitousek P M, Naylor R, Crews T, et al. 2009. Nutrient Imbalances in Agricultural Development. Science, 324: 1519-1520.

（马林、汪菁梦、刘倩、柏兆海）

第9章

高产高效养分管理技术试验
示范与大面积推广技术

9.1 不同种植规模下高产高效养分管理技术集成与示范模式探索

为了更好地进行高产高效技术示范、推广,中国农业大学联合全国 28 家科研、教学单位,在我国不同生态区建立试验示范基地,以基地为依托,进行大面积的示范推广。仅 2008—2010 年间,共建立试验基地 185 个,示范基地 187 个,累计推广 3 304 万亩,增产 192.48 万 t,节肥 19.77 万 t,新增纯收入 39.72 亿元(表 9.1)。

表 9.1 最佳养分管理在不同作物体系推广应用情况

作物	应用面积/万亩	增产/万 t	增收/亿元
水稻	1 897	103	22.3
小麦/玉米	585	35	5.8
春玉米	355	19	2.9
蔬菜	11	3	0.7
果树	88	17	5.2
间套作	151	6	1.2
水旱轮作	152	2	0.5
其他	66	6	1.1

在基地示范推广中,项目组主要针对技术复杂导致技术到位率低、农民文化素质低导致技术到位率低、地块狭小新技术无法应用导致技术到位率低等问题开展针对性的研究。通过实现技术应用环节的机械化提高技术到位率、通过技术简化和物化提高技术到位率、让农民自己组织起来提高技术到位率等相应的解决对策,进行了最佳养分管理技术示范推广方法的创新。如中国农业大学在河北曲周实验示范基地,建立了以科技小院、科技长廊+科技

小车等为一体的技术服务体系,以及面对面的技术服务模式;创立了以"零距离、零门槛、零费用和零时差"为主要内容的"四零"农民技术培训模式,编写了培训教材,组织县校科技力量开展了大规模的冬季农民科技培训;同时探索了新时期农业技术推广的机制,扶持建立了各类农业合作社组织和探索了县校一体的研究生培养新模式。在吉林梨树试验示范基地,通过"农化竞赛"的方式进行技术的大面积示范推广;在黑龙江建三江农场,课题组与当地政府和技术人员紧密合作,针对当地生产中存在的实际问题,组织包括水稻栽培、植物营养、精准农业、信息技术和农业工程等不同学科专家的多学科融合创新研究团队,同时与国际优秀的研究团队(如德国科隆大学的遥感和GIS研究小组)和相关企业(如法国InfoTerra遥感公司和北京视宝卫星遥感公司等)紧密合作,建立集成技术,并借助大农场的统一组织能力,进行大面积的示范推广(图9.1)。

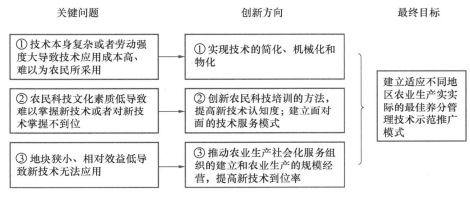

图9.1 示范推广的问题及对策

9.1.1 小规模种植体系——曲周模式

随着我国人口的不断增加耕地面积的日益减少,提高单位面积产量是保障持续增产和满足未来人口需求的唯一途径。而资源尤其是水资源匮乏、环境压力大、粮食生产可比效益低下的现实,在实现粮食单产增加的同时必须不断提高水肥资源利用效率、降低生产成本、减少劳动力投入、增加生产的纯收益。而实现粮食生产的"高产高效"成为解决上述问题的关键。进入21世纪开始,中国农业大学"双高"科研团队紧紧围绕上述科学命题,组织全国高校和科研院所优势力量开展科研大协作和全国联合攻关,在作物高产与资源高效的双高理论构建和技术创新等方面取得重要进展。在此基础上,在河北曲周、吉林梨树、黑龙江建三江和广东徐闻等建立分别代表不同生产规模和生态类型的四个基地,以师生驻村建科技小院、零距离服务三农的方式,开展"双高"技术理论创新与技术试验示范,破解农业科技应用"最后一公里"的难题,同时探索在实践中培养高水平研究生的方法。

曲周县是我国华北地区农业的缩影,其生产的主要特点是地块狭小($0.02 \sim 0.4 \ \text{hm}^2$)、分散(每户3~4块地)、人均耕地面积小(1.5亩左右)、机械化和规模化程度低、从事农业生产的农民科技文化素质低(从事种植业的农民80%以上为高中以下文化程度)、栽培技术落后、粮食单产水平低、水肥资源利用效率低下。粮食生产面临水资源数量匮乏和质量低下的双重问题。而我国大约 2/3 的农区具有类似特点。因此,探索在这种小农户小规模经营条件下,"双高"技术大面积实现的技术和非技术途径,实现粮食作物实现大面积高产高效,对于解决我国当前农业生产面临的问题具有非常现实的意义。

在此背景下,中国农业大学与曲周县于 2009 年在曲周县联合建立了万亩小麦玉米高产高效技术示范基地,围绕"立足曲周、面向华北、走向全国"目标,联合河北省农林科学院、曲周县农业局、科技局等单位力量,积极开展"双高"技术创新与示范推广体系创新,探索小农户、分散经营条件下"双高"技术大面积实现途径。通过 3 年不懈努力,在全国首创了以科技小院为核心的综合配套的农业技术创新和服务体系,将科技小院、科技长廊、科技小车、科技农民、科技培训和面对面的科技服务等有机地结合为一体,解决了农业技术推广"最后一公里"的难题,逐步形成了以科技小院为中心的技术创新与示范平台。通过这一平台,实现农业理论与实践、科研人员与农民、农业技术与农业生产、国家需求和农民目标、术研究与示范推广的有机结合。有力地推动了高产高效技术大面积示范推广。

9.1.1.1 "双高"技术研究与集成、技术试验示范

为推动高产高效技术的大面积示范推广,"双高"基地依托曲周县-中国农业大学现代农业可持续发展道路研究基地力量,不断优化、完善、简化、物化小麦和玉米高产高效栽培技术,使之"本地化"。为此,中国农业大学联合河北省农林科学院专家,在山东农业大学、河南农业大学等单位小麦玉米栽培专家,依托 20 多名研究生驻科技小院的优势,引进 973、行业计划、邯郸市重点基金、河北省重大成果转化等项目,针对曲周县小麦玉米生产中各个环节存在的技术问题,提出优化方案,在农民田间学校学员的帮助下,在农民田间布置 100 多个的有针对性的试验,跟踪了 400 多个农户,对提出的各项技术措施效果进行评价,在此基础上优化、完善并集成了曲周县夏玉米与东小麦高产高效技术,形成技术规程。在完善技术规程的技术上,引进玉米单粒精播机、小麦精播机、小型追肥机、大型喷药机等,不断推动技术机械化;实施测土配方施肥技术,绘制了曲周县土壤养分分布图和小麦玉米配方肥分区图,引进鲁西化工优质、低价的配方肥品种,并引进北京新禾丰公司的优质微量元素肥料品种,以及先锋公司的先玉 335 以及衡 4399、济麦 22 等耐密、抗逆高品种推动技术的物化。通过技术的优化、机械化和物化,实现"双高"技术的本地化,使之更方便地为广大农民掌握。在技术集成基础上,基地还不不断探索小麦地膜覆盖栽培、小麦玉米水肥一体化技术等,为将来进一步高产高效的实现储备技术。

9.1.1.2 以科技小院为核心的"政府-高校-企业-农户"四位一体的"双高"技术示范推广新机制,有效提高农业技术推广到位率

在技术集成创新的基础上,为推动"双高"技术在大面积上的应用,不断探索,建立、完善了以科技小院为核心,以科技小院、科技长廊、科技小车、科技农民、科技培训和面对面的科技服务等为主要内容的"双高"技术示范推广体系,先后建立了白寨乡北油村、甜水庄村、司寨村、范李庄村、白寨村,大河道乡后老营村,槐桥乡相公庄村,四疃镇王庄村、杏园村,河南疃镇张庄村等 10 个村级科技小院。依托科技小院,组织中国农业大学教授、河北省农林科学院专家、曲周县农业局和科技局技术人员和研究生长期驻村,针对"双高"技术示范推广中

出现的主要问题,施行了七个方面的举措:一是针对示范区从事农业生产的农民科技文化素质低的现实问题,创造了"零距离、零费用、零门槛、零时差"为主要内容的"四零"农民培训新模式,开展了大规模的入村下户面对面的农民科技培训,足迹踏遍了全曲周 342 个村,极大地提高了示范区农民的科技文化素质和曲周县农业局、科技局的农技人员的整体素质,宣传了"双高"技术,为其在大面积上的应用奠定了基础。二是依托科技小院,立足曲周实情,构建了有曲周特色的由 10 个农民田间学校组成的"精英农民"培训网络,探索农民科技培训的长效机制,设置课程,对学员开展农作物"双高"技术的系统培训,组织学员参与各种观摩活动和各种形式的讨论、经验交流,扩展他们的视野,将他们培养成"双高"技术示范推广的骨干力量。三是针对示范区地块分散、规模化程度低、农业技术示范推广成本高的问题,创造性地提出了以"按方组织、形成规模、统一操作、集中服务"为核心内容的适应不同村实际情况的农业生产和技术服务新方法,实现了"土地不流转,也能规模化",为破解当地农业生产从一家一户的小农户经营到未来规模化经营的转型期面临的技术到位率低的难题,以及在土地不流转条件下实现规模经营提供了有效途径;同时还和曲周县农业局、科技局和农协一起不断探索、发现、扶持、建立以合作社、村集体、农户自发联合组织等为基本单位的农技服务单元,成立农机合作社、扶持土地流转典型,并推动其在提高"双高"技术到位率中发挥重要作用。四是针对基层农业技术推广体系农技人员数量不足的问题,依托科技小院,探索建立了以"十个一"(住 1 个科技小院、办 1 所田间学校、培养 1 批科技农民、形成 1 项关键技术、打造 1 片示范方、发展 1 个新产业、带动 1 村经济发展、辐射 1 个乡镇、写好 1 系列论文、组织好 1 系列活动)为主要特点的科技小院农业院校专业学位研究生培养模式,培养科学研究与社会服务兼顾型研究生,推动研究生成为县、乡"编外农技员"、促进研究生与县农业技术部门的融合,尤其是推动科技小院与县农业局区域站的融合,使之成为乡、村级农业技术推广的有益补充力量,在推动"双高"技术示范中发挥重要作用。同时,依托冬季科技大培训,组建了一支 40 人的多学科、多单位参加的曲周县农民科技培训教师队伍,在推动"双高"技术传播和服务中发挥了重要作用。五是针对农民接受新技术程度低的问题以及"眼见为实"的心理需求,提出了开展"面对面"技术服务和建立核心技术展示田进行技术展示的思路。一方面创造了科技小车农技服务模式,在农忙时研究生和技术员驾着科技小车穿梭在田间地头,一对一地帮农民解决生产技术问题,实现了技术服务"手把手";另一方面积极开展参与式服务,如带领农民参与测土配方施肥技术环节中的取土、培肥环节,调动他们用技术的积极性;依托科技小院建立了多个"双高"技术示范方,建立了"科技长廊"及时组织各类田间日活动,展示、宣传"双高"技术成果,带领农民参观其他地区成功经验,冲击他们的观念,极大调动了农民采用"双高"技术的积极性。六是通过建立学校-企业-政府-农民四位一体的技术推广网络,整合多种社会资源,推动"双高"技术扩散。一方面通过与鲁西化工、北京新禾丰、先锋公司合作,推动种子、化肥和农药技术的大面积应用,将鲁西化工的技术服务点建在科技小院;通过积极参与曲周县"吨粮县"建设,使"双高"技术成为曲周县吨粮县建设的主推技术,有力地推动技术在全县范围内扩散;另一方面是利用承担的邯郸市重点基金、河北省重大成果转化项目推动技术在邯郸市和河北省中南部的应用;先后在示范方举行了河北省夏玉米生产现场观摩会,主管省领导张和到场指导;举行了河北省玉米机械化追肥现场会,推动双高技术在河北全省的应用;积极推动科技小院模式上升为政府意志,科技小院、农民田间学校等做法分别为河北省主管领导批示。七是积极依托各种手段进行双高技术宣传。主要有以下六个:电视媒体宣传,先后被中央电视台新闻联播等各级电视媒体报道100多次;报纸宣传,先后被人民日报等各级报纸报道200多次;科技长廊宣传,先后设计科技长廊4个,展板150多个;冬季大培训宣传,先后举行培训700多场;工作日志宣传,先后撰写工作日志800份;田间日宣传,先后组织了20多次田间观摩会;网络宣传,开办了基地研究生博客;表彰宣传,如2009年世界粮食日期间,举行高产高效技术颁奖活动,极大地调动了农民的积极性。

9.1.1.3　曲周村级科技小院农业技术创新与示范推广体系的特点

经过三年的探索,曲周"双高"基地形成了特色鲜明的农业技术创新与示范推广体系,在推广"双高"技术大面积应用中发挥了重要作用。概括来讲,主要有以下几点,一是特色上科技色彩浓,表现为有科研人员常驻、经常性地开展农业技术和示范推广模式的创新与农业科技传播为目标的各种活动。二是规模上小院面积小、投资少,因陋就简,不求奢华,讲求实效。三是小院位置上小院深入基层,扎根农村,实现与三农的"零距离"接触。四是小院工作原则上坚持"四个零",以推广人心为主,强化服务观念。即服务、培训不收费(零费用),培训服务面对面、手把手(零距离)、服务时间上与农事同步(零时差)、提供产前产中产后全方位服务、服务对象上不留死角(零门槛)。五是组织上充分调动了多方力量、整合了多种要素,实现了科研院所与企业、地方政府农技推广部门和农民四者的紧密结合,其中在领导层面,实现了大学和地方政府的双重领导;人员组成上,实现了科研院所专家、研究生与地方农业部门(科技局、农业局、农机局)农技推广人员和农民四者的有机结合;技术体系上成为曲周县"县有农技中心、乡有区域站、村有科技小院、户有科技农民"的县级农业技术示范推广体系的有益补充和重要组成部分;功能上实现了科技小院与农业局区域站和农资企业示范点三者合而为一,作物体系上,实现了粮食作物生产体系和经济作物生产体系的结合,实现了推动农业生产科技进步与农村社会进步的结合。六是功能多,即同时发挥技术研究、示范推广、人才培养、模式探索、科技培训、产业发展、社会服务等功能。七是作用大、效果好。技术服务手把手,面对面,不收群众一分钱。补充了村级农技推广体系的不足,打通了技术研究与示范的链接,促进了"双高"技术的扩散,培养了各级农业人才,提高了农民科技文化素质,实现了农业高产高效,创新了研究生培养模式,探索了农业发展道路。八是适应性强。不仅适合曲周,而且在全国其他地区(广东、海南、广西、山东、重庆、黑龙江、吉林)得到验证。

9.1.1.4　技小院农业双高技术创新与示范体系主要作用

可以概括为以下9点,一是保障了科研、示范推广人员扎根基基层;二是为面向生产的技术集成创新提供了平台;三是建立了综合-简化-实用-经济的小麦/玉米双高技术体系;四是拉进了与农民群众的感情;五是促进了农业科技的传播,六是培养了各级人才,提升农业生产科技水平;七是完善了"县-乡-村-户"一体的科技服务体系;八是探索了多种技术研究、技术推广和人才培养模式;九是推动了示范工作,实现了高产高效。

9.1.1.5　主要成效

(1)集成了小麦玉米高产高效技术规程。该技术规程以四大技术(高产稳产品种应用、秸秆还田培肥土壤、测土配方高效施肥和高产栽培配套技术）为核心，以机械化、物化和简化为特色。

（2）建立了科技小院双高技术创新与示范推广体系。

（3）培养了大批科技人才。一是培养了高校的教师和研究生；二是培养了当地农技员；三是培养了农民科技人才。

（4）培育了多种模式，一是小麦和玉米高产高效栽培技术模式；二是科技小院双高技术创新和农技推广模式；三是"四零"冬季大培训模式；四是农民田间学校培养模式；五是专业硕士研究生培养模式；五是"土地不流转，也能规模化"的规模化经营模式；六是"学校-政府-企业-农民"四位一体的农技服务模式。

（5）实现了双高技术大面积示范推广，促进了农业增产、增效。通过 3 年的扎实工作，曲周县小麦玉米高产高效技术示范推广从 2009 年夏玉米的不足 300 亩，到 2009 年冬小麦的 8 600 亩，到 2010 年夏玉米上向全县示范推广，以及 2011 年逐步向邯郸市其他地区推广、再到 2012 年向河北省中南部推动，面积不断扩大。示范田比农民习惯管理田块小麦玉米平均增产在 15％左右，亩增收粮食 150 kg、增加农民纯收入 200～300 元，氮肥生产效率提高10％以上。

9.1.2　中等规模-梨树模式

随着我国人口的不断增加及耕地面积的日益减少，提高单位面积产量是保障持续增产和满足未来人口需求的唯一途径。与此同时，如何在提高作物单产的同时大幅度提高农业资源的利用效率、降低对环境的负面影响，实现生产与生态双赢的目标不仅是我国转变农业发展方式所面临的重大挑战，也是世界集约化可持续农业发展亟待解决的重大科学命题。进入 21 世纪开始，中国农业大学"双高"科研团队紧紧围绕上述科学命题，组织全国高校和科研院所优势力量开展科研大协作和全国联合攻关，在作物高产与资源高效的双高理论构建和技术创新等方面取得重要进展。在此基础上，在河北曲周、吉林梨树、黑龙江建三江和广东徐闻等建立分别代表不同生产规模和生态类型的四个基地，以师生驻村建科技小院、零距离服务三农的方式，开展"双高"技术理论创新与技术试验示范，破解农业科技应用"最后一公里"的难题，同时探索在实践中培养高水平研究生的方法。

梨树县是我国中等耕地规模、农户分散经营的典型代表梨树县农业生产的重要特点是农户拥有较多的土地，农村人均 6 亩耕地，每户 1～2 hm² 耕地，是我国当前中等土地规模、农户分散经营的典型代表，也是未来华北、长江中下游、西南及华南地区小规模分散农户向规模化推进的必经之路。因此，探索在这种中等土地规模经营条件下，如何进行"双高"技术创新，并通过什么方式有效地推广应用，提高农民的科学种田水平，实现大面积高产高效，是一个值得探讨的问题。中国农业大学与梨树县农业技术推广总站、吉林农业大学等单位合作，从 2008 年开始探索一种新的农业技术推广方式，即以"农户玉米高产高效竞赛"活动为平台，调动农户科学种田的积极性，推动玉米高产高效创建（简称"双高创建"）向深层次发展。中国农业大学重点开展玉米双高的生物学基础及其调控途径、双高技术研究与集成、技术示范与推广等工作，特别是通过建立"双高"技术规程，通过农大师生长期驻村建科技小院开展"四零"(零距离、零费用、零时差、零门槛)服务和"双高"技术培训、指导核心示范农户和万亩高产高效示范片建设,取得很好的效果。

9.1.2.1 "双高"技术研究与集成、技术试验示范

高产高效竞赛的核心是技术的优化、完善与应用。中国农业大学与吉林农业大学等科研单位的专家教授,不断优化玉米高产高效技术规程,保证把最佳玉米管理技术送到农民手中。一是专家教授技术把关。专家们对重点农户玉米种植的整个生产过程都进行了调查指导,将各种有利条件创造到最好条件,将不利因素的影响降低到最低。如通过分析梨树县多年的测土数据及产量数据,将全县土壤划分成 4 个测土配方施肥区域,又根据每个参赛农户的具体土壤条件,通过测土,进行小的调整,从而为每个农户"量身定做"了具体的施肥技术规程。二是引进新技术、新产品。农业大学专家教授的参与,使更多的新技术、新产品、新信息传递到田间地头。先后引进了测土配方施肥技术以及微量元素肥料、生长调节剂、控释肥等新产品。与农技推广站合作,改造了高地隙追肥机,推动了玉米追肥机械化,延长了玉米适宜追肥时期。为解决中后期防治病虫害的难题,引进了无人飞机喷洒农药技术,这是中国首次尝试应用无人飞机控制病虫害。引入梨树玉米高产气候决策系统,模拟了梨树县玉米的高产潜力,推荐了高效利用水资源的灌溉技术。在此期间,中国农业大学及吉林农业大学共安排了 20 多名研究生到梨树开展"科研+推广"相结合活动,实行"专家大院"、"科技小院"的模式,研究生们把自己的科研课题摆在农民的地里,有点课题直接就是来自于梨树生产中的实际问题。农民可以近距离看到这些实验的现象,使他们潜移默化地接受科学知识。农大师生也通过大型田间观摩活动,有意识地组织广大农户学习科学知识。农大教授把国家科技部"973"项目、农业部"948"项目、支撑计划项目、行业计划专项等 10 余项研究课题放在梨树开展,旨在建立适应于吉林省的玉米高产高效技术体系,同步实现增产与节约资源的目标。

9.1.2.2 "政府-高校-农户"三位一体的新机制,有效提高农业技术推广到位率

高产高效创建是农业部的重中之重,是保障我国粮食安全的重要政府举措之一。高产高效竞赛活动的宗旨是紧紧围绕这一主题,通过竞赛这一有效的手段,助推大面积高产高效创建活动的顺利开展。农业技术推广站是我国高产高效技术推广的主要渠道,在高产高效创建活动中起着关键的组织作用,是专家(技术创新)与农户(技术应用)之间的桥梁。为了发动广大农户参加竞赛活动,梨树县农业技术推广总站与中国农业大学、吉林农业大学等科研单位的专家教授组成专家小组,开展了一系列的活动,其中包括:①每年春季隆重举办竞赛活动启动仪式,鼓舞农民的种田热情,让农民开始热身,同时也可以把当年的重点新技术及相关资料展示给农民,让他们学习、提高。活动同时邀请吉林省、四平市及梨树县的各组领导参加,引起他们的重视。2010 年 4 月 15 日上午,在蔡家镇敬友村隆重举行 2010 年玉米高产高效竞赛启动仪式,仪式由省农委主任任克军主持,副省长王守臣亲自宣布 2010 年梨树县玉米高产高效竞赛正式启动。②开辟电视专题栏目。在梨树县电视台开辟了农业科普节目《科技天地》,根据农时季节宣传适用技术,指导农业生产。该栏目每周一期,周六 18:20首播,周日重播,每次 5~10 min。其重点一是及时发现玉米生长发育中出现的问题,提醒农

民采取相应的防治措施;二是向农民传达国家对农民的优惠政策等信息。③建立农户档案,发放高产高效创建资料。每位农户所属的村社,其土壤质地特点、种植历史、投入及产出情况、通常采用的栽培技术等资料均被认真记录。这有助于指导专家发现其中的问题,提出有针对性的意见。同时,活动专家组制定一份《梨树县玉米高产高效创建规程》,并根据每年的应用情况进行更新、修改、补充,然后发放给农户参考。活动办公室还通过印刷科技挂历、小册子等途径,宣传各项高产高效栽培技术。④建立梨树农技推广网。梨树县农业技术推广总站建立了"梨树农技推广网"(网址 http://www.lsnyzz.com/),通过网站与农民进行交流,解决农业生产中存在的问题。⑤举办田间现场会。现场会是普及高产高效技术的最重要途径,每年《高产高效竞赛活动》都要在不同的乡镇举办现场会5~6次。这些年来相继召开的比较重要的包括春播现场会、保护性耕作现场会、抗旱节水现场会、测土配方施肥现场会、机械化追肥现场会等。⑥举办形式多样的科技培训班。针对某一乡镇的具体问题,组织专家有针对性地举办培训班。为了推广测土配方施肥技术,每年农大师生和推广站技术人员要利用春播前的一个月时间,冒着严寒深入农村,直接在炕头上培训农民,并在田间地头实际示范指导。经过3年多的努力,专家组建立了梨树县的配方施肥分区图,为指导梨树县高效施肥提供了依据。现在的参赛农户普遍认识了测土配方施肥的原理及重要性。⑦建立农业科技专家大院。2010年3月10日,在梨树县农业局与中国农业大学的支持下,小宽镇西河村成立了梨树县第一个农业科技专家大院。这是以农民为主体的专家大家。通过专家大院的凝聚力,可以把参加高产竞赛的农户组织起来,一起探讨玉米高产高效创建技术。⑧重点示范户经验交流会。培养科技示范户,通过他们辐射高产高效技术,带动更多的农民提高种田水平,最终达到大面积高产高效,是高产高效竞赛活动的一个重要目标。而重点科技示范户的培养又是重中之重。为此,竞赛组委会每年要举行3~4次的重点示范户种田经验交流会,让每位农户发言,介绍其种田经验。在一年的年初,重点介绍本年度的高产高效方案;玉米生长期间,主要交流新出现的问题与对策;而到了玉米收获后,则主要交流一年来的经验教训。专家组要求每位重点示范户要有文字总结材料,专家教授则为他们的工作做出点评,解释他们不清楚的地方,以此提高他们的科技水平。通常多次的实践,这对于提高农户的科学种田水平十分有效。⑨隆重举行颁奖大会。玉米收获后,经过一段时间的数据统计与总结,在每年的11—12月,举办隆重的农户玉米高产高效竞赛颁奖大会,表彰获得高产的农户,激发高产农户的种田自豪感,彰显高产高效创建活动的效果,在社会中产生了深远的影响。每年都会有1 000余名玉米种植户冒着严寒参加玉米高产高效竞赛表彰大会。除了主办方中国农业大学、吉林农业大学及梨树农技推广总站外,农业部、吉林省、四平市以及梨树县的专家领导都会出席祝贺,共同为高产能手们颁奖。每次颁奖大会都会引起社会媒体的广泛关注,中央电视台、吉林电视台、吉林日报、农民日报、光明日报、新华网等都给予充分的报道。

9.1.2.3　培养科技示范户是土地规模经营和大面积高产高效的重要途径

报名参加的农户都是有种田积极性的,有自己的高产目标,并愿意接收专家的指导、通过不断优化自身的高产栽培措施,来实现高产。这样,整体活动协调了政府、科学家与农户的关系,拉近了政府、科学家与农户的距离,农大师生与农民近距离接触,农民可以及时将生产中发现的问题,通过各种手段及时反馈给科学家及推广站。同时,农户种出的高产田完全是在生产及经济条件许可条件下获得的,因此其高产技术可以被相邻农户复制,可推广性强,易于被广大农户所接受。在竞赛中,一些农户还自主对新品种、新技术进行试验,进行积极尝试,获得很多有价值的数据,对农业技术推广起到十分重要的作用。

从某种意义上讲,科技示范户是其所在村的不拿工资的农技推广人员,而且是留得住的农技推广员。通过他们的示范,可以真正实现零距离技术推广。现在中国土地经营处于转型期。在东北,每户耕地面积较多,当很多的农民进城打工后,闲置的土地不得不出租。一些农民开始承租大片土地,成为种粮大户。在梨树县,几乎每个乡都有一个这样的种粮大户,平均耕地面积达到几十公顷。直接将这些种粮大户培养成科技示范户,对于提高大面积玉米产量、实现增产增收具有重要意义。

9.1.2.4 "农户玉米高产高效竞赛"的成效

(1)大面积增产增收。通过 4 年的不懈努力,"玉米高产高效竞赛"活动的参与者从 2008 年的 80 户增加到 2011 年的 1 500 户,而且在吉林中部黑土区首次创出吨粮高产,产量达到 1 085 kg/亩,氮肥偏生产力达到 80 kg/kg。参与农户的 4 年平均产量达到 10 t/hm²,平均增产18%～24%;氮肥生产效率提高 15%。

(2)农技推广员队伍建设。通过"农户高产高效竞赛"这个平台,引进了中国农业大学、吉林农业大学及吉林农科院等农业大专院校的先进科学知识与技术,使农技推广人员开阔了眼界,增长了见识,提高了专业水平,极大地促进了农技推广员队伍的建设。

(3)建设高素质的农业科技示范户队伍,打造了高产高效创建团队。梨树县以"基层农技推广体系改革与建设示范县"项目为契机抓实了示范户队伍建设。高产高效竞赛从 2008 年开始组织,当年参赛人数82 人,2009 年参赛人数增加到 341 人,到 2011 年高产竞赛人数达到了 1 500 多人,这其中科技示范户占 85%。目前在高素质的科技示范户团队带动下,已经打造出了一个高产高效创建的庞大队伍,对梨树县的粮食增产打下了坚实的基础。

9.1.3 大规模现代农业——建三江模式

9.1.3.1 建三江地域特色与农业地位

黑龙江垦区位于世界闻名的三大黑土带之一,是中央直属的三大垦区之一,地处三江平原、松嫩平原和小兴安岭山麓,土地总面积 5.54 万 km²,耕地面积 3 975 万亩,是国家级生态示范区。垦区开发建设始于 1947 年。20 世纪 50 年代中后期,王震将军率领 10 万复转官兵进军北大荒,开始了北大荒第一次大规模开发建设。经过 60 年的发展实践,垦区现代农业有了长足发展。目前,垦区田间作业综合机械化率已达 96%,基本实现了农业机械化;农业科技贡献率达 67%,比全国平均水平高出 20 多个百分点;累计生产粮食 2 252 亿 kg,累计向国家交售商品粮 1 667 亿 kg。成为我国重要商品粮基地、粮食战略后备基地和全国最大的绿色、有机、无公害食品基地。

黑龙江农垦建三江管理局位于富锦、同江、抚远、饶河两市两县交界处的三江平原腹地,东经 132°31′38″~134°33′06″,北纬 46°49′47″~48°12′58″,系黑龙江、松花江、乌苏里江汇流的河间地带,是世界高纬度粳稻种植面积最大的地区。建三江下辖 15 个大中型国有农场,总人口 20 万,辖区面积 1.24 km²,耕地面积 1 100 万亩,耕地面积占黑龙江垦区的 1/4、全省的 1/18、全国的 1/180,其中水稻种植面积已经达到 900 多万亩,被称为"中国绿色米都"。人均占有耕地 50 亩,居全国之首,是全国平均水平的 35 倍、世界的 12 倍。从事粮食生产人员人均耕地 313 亩;粮食总产量占黑龙江垦区的 1/3、全省的 1/8、全国的 1/100,人均生产粮食 104.3 t,商品率达 95% 以上。建三江管理局现已成为我国农业机械化程度最高、劳动生产率最高、粮食商品率最高、农业科技转化贡献率最高的大规模、集约化农场经营的代表。

9.1.3.2　生产限制因素、技术集成与示范效果

2009 年 6 月,胡锦涛总书记在视察黑龙江省时,明确指出"粮食安全始终是治国安邦的头等大事,希望黑龙江的同志继续抓好粮食生产,积极发展现代化大农业,真正把这片肥沃的黑土地变成国家可靠的大粮仓",为黑龙江现代农业的发展指明了方向。2010 年中央又把"支持垦区率先发展现代化大农业"写进了 1 号文件。因此,如何推进代表着中国最先进生产力的建三江规模化农业迈向高产高效现代化农业是亟须面对的挑战,也是我们农业工作者难得的大好机会。为了摸清本地区水稻高产与养分高效的关键限制因素,制定相应的技术解决措施,本课题组对该区农户水稻生产管理现状进行了基线调研,搜集了 2006—2009 年的农户调查数据和相关文献资料,通过分析发现主要存在着以下几个方面的问题:①氮肥施用量在 48.1~209.4 kg/hm² 之间,平均为 101.9 kg/hm²,20% 超过 120 kg/hm²,20% 不足 80 kg/hm²,磷肥施用量在 30.0~200.1 kg/hm² 之间,平均 54.7 kg/hm²,80% 超过 40 kg/hm²,钾肥施用量在 7.4~131.7 kg/hm² 之间,平均 53.2 kg/hm²,70% 不足 60 kg/hm²,因此,在所调查的范围内三江化肥使用情况是氮肥用量不足与过量并存,磷肥施用量普遍偏高、而钾肥投入量明显偏低,氮、磷、钾肥施用比例失调,平均为 1∶0.54∶0.52,生产中表现为水稻抗病和抗倒伏能力降低;②肥料分配不合理,忽视后期养分投入。在调查的农户中仅有 50% 施用穗肥且穗肥中氮和钾用量分别仅占各自总量的 6% 和 20%,大部分农户将氮肥施用在了水稻生长初期,而在养分吸收最快、需求最大的穗分化期投入却很少,生产中常表现为水稻贪青和早衰;③栽插密度偏稀,50% 的农户每平方米穗数不足 26 穴,对于穗数型的寒地水稻品种来说难以获得足够多的收获穗数,限制了产量潜力的发挥;④对于水分管理,绝大部分农户在分蘖期习惯保持水层灌溉,36% 的农户回答种水稻没晒过田,20% 的农户在水稻抽穗后仍然认为要保持 1 cm 以上的水层,生产上常表现为水稻无效分蘖过多,茎秆纤细易倒伏。

针对以上主要限制因素,基于以往本课题组寒地水稻高产、养分高效相关研究结果,结合三江地区已有的先进生产技术,集成了调密保穗、测土配方施肥、总量控制,前氮后移、控水灌溉和遥感诊断等以水肥调控为核心的高产高效("双高")综合管理技术体系(图 9.2),并于 2010 年将该双高技术体系在建三江分局七星农场 69 作业站进行示范推广,重点示范区共 6 户,户均 400 亩,辐射带动全作业站 3 万亩水稻生产,取得了良好的效果。核心示范农户平均增产 14.8%,氮素农学利用率平均增加 15.7%,辐射户平均增产 10.5%,增效 25.9%。

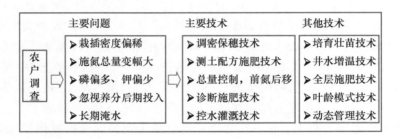

图 9.2　高产高效技术集成

2010 年双高技术示范工作取得的成功给予了我们很大的信心和动力,也奠定了继续发展的基础,但我们的工作主要还是集中在田块尺度上双高技术体系的应用与示范,我们清楚地认识到田块尺度上的成功还远不能满足万亩、百万亩产量和效益实现双增的规模化、现代化大农业发展的需要。如何使这项技术推广到万亩的更大面积上还存在着问题。这种尺度上的跨越其中主要的一方面难点就在于对于大规模水稻生产长势和管理的及时把握和调控,我们需要借助现代化遥感信息手段来打破这一"瓶颈"。我们在寒地水稻卫星遥感诊断技术上已经开展了很多的前期研究,现已能比较准确的诊断大面积水稻生产的长势。在此基础上,2011 年我们借助卫星遥感技术、信息技术,将示范范围从点扩展到面,技术覆盖整个 69 作业站(3 万亩),集成了以水肥调控为核心结合遥感信息技术的高产高效("双高")综合管理技术体系(图 9.3)。具体思路是针对大面积规模种植水稻长势和管理难以及时把握和调控,且农户全田一般只采用一个施肥量,忽略土壤空间变异性的施肥现状,在前期合理密植、控水灌溉、优化施肥的基础上,中后期通过卫星遥感影像信息,根据氮充足模式田块长势标准,提取光谱参数,进行分级诊断分析,依据长势结合农户管理信息系统,进行大面积水稻穗肥变量管理。通过分布在 3 万亩示范区的 18 个地面监测验证点结果显示,产量平均提高了 11.7% ,氮肥偏生产力提高 32.3% 。因此,从 2011 年取得的初步成果来看,我们相信结合遥感技术、信息技术的双高技术体系是实现以建三江地区为代表的黑龙江垦区现代规模化大农业的主要技术解决途径,也是未来现代大农业发展的必然趋势。

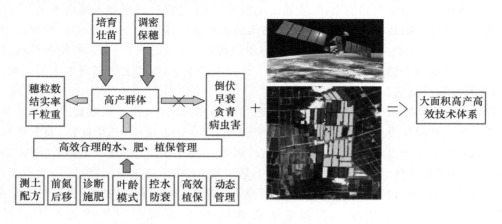

图 9.3　以水肥调控为核心结合遥感信息技术的双高综合管理技术体系

未来我们的研究将继续在以水肥调控为核心的基础上,围绕遥感信息技术,进一步完善双高体系。比如,卫星光谱诊断指标体系的完善,目前半经验半定量化诊断方法的完善,诊断时插秧日期、作物生育期等对结果的影响以及非水肥胁迫造成的水稻长势误判问题。

9.1.4 多元化经济作物种植体系-热作模式

9.1.4.1 热区农业模式的基本特征

热区是位于南北纬 40° 之间,包括热带和亚热带两个气候带。我国的雷州半岛、海南岛和台湾省南部属热带气候,终年不见霜雪,到处是郁郁葱葱的热带丛林;亚热带地区分布于秦岭、淮河以南,雷州半岛以北,横断山脉以东($22° \sim 34°N$,$98°E$ 以东)的广大地区。我国热区共涉及 16 个省市(包括台湾省),面积约 2.4×10^6 km^2,约占全国国土面积的 1/4。

热区作物以经济作物居多,地方特产十分丰富。其中香蕉、芒果、菠萝、椰子被称为热区的四大名果。经过 30 多年的发展,我国现已成为世界热带经济作物主要生产国之一。自加入 WTO 和启动中国-东盟自由贸易区以来,中国热带农业进入飞速发展的阶段。很多产业正在逐渐融入全球经济的合作与竞争,对我国热带农业的生产水平和科学技术的推广应用提出了新的挑战。

我国热带亚热带地区位于经济发达腹地且人口密度较大,农业劳动力构成十分复杂,农业技术推广所面向的对象和客观环境差异也比较大。以广东省徐闻地区和广西金穗公司为例:徐闻位于广东省的最南端,属于典型的农业大县,人均土地持有面积不足两亩,是典型的人多地少区域。该县部分地区土地零散度非常高,笔者在调查中发现甲村一户村民自家的 10 亩地竟然分属于 5 个不同的位置,统一操作难度非常大。由于地少人多,土地集约化程度低,村里出现很多剩余劳动力,因此青壮年选择到广州、珠海、深圳等经济发达的地区谋生,留下来耕作土地的多是妇女、老人和孩子。在该地区进行农业技术的推广、集成与创新必须采取一套能够深入群众引领群众的方式,如何提高农民对土地的重视程度,把先进的理念灌输给农民是该项技术能否得以快速推广快的关键。与徐闻地区错综复杂的农业结构相比广西金穗公司的集约化农业结构差异非常明显,因此针对大型农业种植企业的技术推广的思路和所针对的问题也要进行相对的调整。该公司是广西壮族自治区香蕉种植的龙头企业,已经全面采用了以色列引进的滴灌施肥技术。其农业的集约化程度和现代化程度已经位于我国香蕉生产企业的前沿,对周边地区的影响力非常大,很多操作技术已被周边地区的小企业和散户视为执行标准。但是随着公司规模的不断扩大,科学技术在企业发展中的作用越来越得到公司高层的重视。在现代化大型农业公司所在的地区,农业技术推广的关键在于能否结合生产问题对现有技术进行有效集成和创新。是否可以有效地解决问题并迅速将其转化为生产力是一项技术能否快速得到企业认可并向周边地区扩展的关键。由此,继曲周、梨树、建三江基地之后,热区基地工作于 2011 年 3 月正式启动。

9.1.4.2 水肥一体化技术在热区的推广意义

水肥一体化技术是热区基地目前的主推技术,相关工作已于 2011 年 6 月在广东省湛江市徐闻县和 2012 年 2 月在广西金穗农业投资集团有限责任公司展开。在徐闻地区推广菠萝水肥一体化技术旨在克服当地严重的季节性干旱对水肥耦合造成的影响和菠萝后期封行对操作带来的一系列问题。在广西金穗公司开展香蕉滴灌施肥技术的集成和创新对我国香蕉产业未来的发展有深远的意义。

1. 水肥的高效耦合是热区农业高产高效的关键

热区农业一直都面临着一个不可忽视的问题,暨水肥耦合的问题。热带地区从总体上讲,降雨量高于国内很多地区,但是在部分地区会出现时间和空间上极不均一性。以广东省徐闻县为例,该地区素有十年九旱之称,季节性干旱尤为明显(图 9.4)。每年的 6—10 月降雨量非常大,降水难以为土壤和江河湖泊所贮存,过量的降雨会通过径流和下渗对土壤中的养分造成淋洗;11 月至次年 5 月又为当地的旱季,如果不人为加以灌溉会严重威胁作物的产量,水分的紧缺导致该时间段内的肥料利用率严重下降。

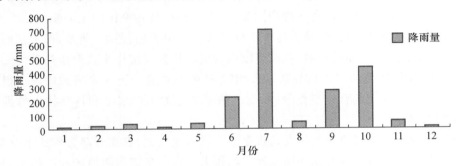

图 9.4　徐闻县 2011 年逐月降雨量

(徐闻县气象局,2011)

每当旱季的来临,农民只能通过估算下雨的时间来判断是否对菠萝进行追肥。春末一般为当地菠萝营养生长的末期,是菠萝整个生长周期内养分需求量最大的时期,若一直处于有水没肥供给的条件,产量将严重受到抑制。水肥的高效耦合是该地区菠萝产业实现高产高效的关键,因此水肥一体化技术在徐闻及类似带有季节性干旱的地区有着其他技术不可替代的优势和潜力。

2. 热区经济作物附加值较高,适合发展热区高产高效现代农业

热区经济作物主要有香蕉、菠萝、荔枝、龙眼、柑橘等,这些热带作物的种植面积、单位面积产量、经济地位、营养价值以及口味都各不相同,但它们都有一个共同点,经济附加值非常高,产量提高的同时,单价也会相应的上涨,在双重因素的影响下,经济效益大幅提高。以菠萝为例,通常情况下,菠萝种植大户都会提前将菠萝预定出去,根据菠萝的长势情况,预定价格在 2.0~3.6 元/kg 之间波动,即菠萝长势越好,单果重越高,预定价格越高。换句话来说,就是产量越高,价格也越高,那么经济效益也就越好。现以徐闻县柯开文于 2009 年展开的水肥一体化试验为例,在农民常规种植情况下,菠萝产量为 3 428 kg/亩,按照预订价格 2.2 元/kg 计算,毛收益就达到了 7 541.6 元/亩。而采用水肥一体化技术,水肥高效耦合,菠萝产量达到 4 922 kg/亩,单果重比对照增加 42.2%,此时菠萝的出售价格也比常规要高很多,即使按照同等价格计算,采用水肥一体化技术管理的菠萝增收 3 286.8 元/亩,在价格更高的情况下,增收将会更大。采用水肥一体化技术需要额外增加 900 元/亩的设施成本费,对于经济效益低的作物而言,成本的增加要远远高于经济附加额,在这种情况下,水肥一体化技术将很难得到推广。但是,对于经济附加额较高的热区经济作物而言,采用水肥一体化所带来的成本要远远低于经济附加额,这将极大的刺激农民使用水肥一体化技术,适合发展热区高产高效现代农业。

3. 劳动力价格的快速上涨对现代农业的自动化程度提出了新的要求

近些年来,我国农村青壮年男性劳动力大量向城市转移,致使农村出现"年轻后生出去挣钱,老人妇女在家种田"的局面,许多农户家庭农业劳动力投入严重不足,目前大约有78.1%的流出劳动力年龄在 35 岁以下,而整个农村劳动力中 35 岁以下的仅占到51.3%,农业人才的流失加剧了我国农业劳动力老龄化、妇女化的发展趋势,削弱了农业生产后劲。劳动力价格的上涨已经不可扼制的在全国范围内蔓延开来,徐闻县的劳动力自 2001 年至今呈现出明显的外流趋势,劳动力价格由 2001 年的 56 元/天上涨至 2011 年的 120 元/天。若延续着常规的生产模式,农业生产成本将会不断增加,从而成为我国农业发展越来越大的阻碍。农业生产不能再像以前那样投入大量的劳动力,一方面成本投入上不允许,另一方面农村劳动力现状也预示着寻找农工越来越不容易,这对我国现代农业的自动化程度提出了新的要求,在今后的农业生产中,省工省力的农业机械化管理技术将是我国农业发展的主流方向。

对于那些需水需肥量大,而又地处干旱地区的作物,施肥和浇水是对农民而言是一件劳动量非常大的农事操作。水肥一体化技术能够极大的缓解农业生产中的用工情况,农民只需将肥料溶解于水中,借助管道就可以轻轻松松的给数十亩的作物施肥和浇水,以菠萝为例,滴管 50 亩的种植园,一个人只需要短短的 6 h 即可完成,而采用常规操作,需要请 25 个人一天 8 h 才能施完肥,这其中还不包括浇水的时间。在干旱季节,农民给菠萝浇水,50 亩菠萝至少需要花费两天的时间。水肥一体化技术节省劳动力的优势,有效地缓解了劳动力价格上涨带给国家和农民的压力,若能够在热区大面积应用水肥一体化技术,将会促进我国现代农业的自动化程度更上一个台阶。

4. 肥料成本的不断提高为水肥一体化技术的推广创造了机遇

近 10 年来,我国肥料价格上涨明显,复合肥由 2001 年前后的 180 元/50 kg 上涨到 2011 年的 250 元/50 kg,尿素由 2001 年前后的 66 元/50 kg 上涨到 2011 年的 125 元/50 kg,过磷酸钙由 2001 年前后的 27 元/50 kg 上涨到 2011 年的 41 元/50 kg,硫酸钾由 2001 年前后的 97 元/50 kg 上涨到 2011 年的 200 元/50 kg。由于农资价格上涨所造成的农民收益下降是目前果农们非常无奈的一件事,按照农民传统的施肥习惯,短期内肥料施用量是无法降下来的,肥料成本将保持着高水平。这给热区农业高产高效工作的开展提出了严峻的考验,但同时也给热区水肥一体化技术的推广工作创造了机遇。水肥一体化技术最大的优点就是相对撒施和沟施肥料更能提高肥料的利用效率。我国氮肥利用率为 30%～50%,就世界范围来说,当年磷利用率为 10%～25%,当年钾利用率约为 50%(李冬光和许秀成,2002)。根据埃及沙漠地区的土壤试验表明,滴灌施肥情况下,氮肥利用效率由土施的 9%～12% 提高到53%,磷肥由 12%～15% 提高到 29%(Boman,1995)。墨西哥的研究发现,要达到相同的蕃茄产量,直接土施时,N、P_2O、K_2O 的需要量分别为 400 kg/hm^2、200 kg/hm^2 和600 kg/hm^2;而滴灌施肥需要的施肥量分别为 158 kg/hm^2、98、78 kg/hm^2(罗文扬和习金根,2006)。习金根研究表明,滴灌施肥与浇灌施肥相比,水分利用效率增加幅度为109.20%,肥料 N 素利用率达 73.55%,增加幅度为 110.44%。毕理智和张锐在西省永济、稷山、原平、侯马、万荣等县展开的棉花、葡萄及日光温室蔬菜的试验、示范结果表明:与常规施肥相比,滴灌施肥的肥料利用效率提高 15.2%~24.2%。还有人研究表明,在作物产量相近或相同的情况下,水肥一体化与传统技术施肥相比节省化肥 40%~50%。根据涂攀峰和张承林在香蕉上的研究表明:滴灌时肥料利用率显著提高,N 的利用率可达 70%、P 达50%、K 达 80%。除此之外,邓兰生等的研究结果表明,滴灌不仅可以提高香蕉的产量,而且还可以节省 30%N 肥施用量。国外还有人在甘蔗上展开过滴灌施肥的试验研究,结果表明:滴灌施肥的 N 利用效率达到了 75%~80%,常规施肥只 40%(Kwong,1994)。

水肥一体化技术极大地提高了肥料的利用效率,降低了农业生产中的肥料成本,面对着日增长的肥料价格,农民们再也不用发愁。而对国家而言,肥料使用量的减少,推动了我国作物高产高效的进程,节约了肥料资源,促进我国农业的可持续发展,是一项非常适合在我国热带亚热带地区进行推广的技术。

9.1.4.3 热区经济作物技术服务体系探索——科技小院在南方的移植与拓展

1. 徐闻科技小院模式——多元化合作模式

徐闻县地处祖国大陆的最南端,与海南岛相隔 18 海里,处于南海经济圈的黄金地段,是北半湾经济圈的走廊,也是大陆通往全国最大经济特区海南省的咽喉。全县辖 14 个乡镇、1个街道办事处和 1 个省级开发区,驻 6 个国有农场。土地总面积 1 954.4 km²,总人口 71.4万,其中农业人口 56.6 万,占总人口的 79.2%,属于典型的农业大县。人均占有土地不足两亩,是典型的人多地少地区。土地集约化程度低,村中出现很多剩余劳动力进入城市打工,农业收入占家庭收入的比重呈现出逐年下降的趋势。由于地处经济发达地区受市场经济影响较大,热区农业种植结构和风土人情比北方地区更为复杂,农技推广工作任重而道远。

为了将曲周、梨树、建三江基地取得的成功经验应用在热区作物的高产高效创建,探索养分综合管理技术在热区作物上的应用潜力,中国农业大学资源环境与粮食安全中心于2011 年 3 月将"曲周科技小院"的农技推广模式移植到了广东省徐闻县,以期能够在我国经作物的主产区探索出一条适用于南方经济作物的新式农技推广思路。我国热作区肩负着全国热带农产品供应的主要任务,更是北方冬季蔬菜的重要来源。因此,保障热区农业的高产高效在我国农业发展中有着非常重要的战略意义,探索出一条能够适用于热区特有经济人文环境的多元化农技推广模式是时代赋予农业科技人员的重要使命。徐闻科技小院作为一个平台已经凝聚了来自中国农业大学,山西天脊煤化工集团有限公司,南亚热带作物研究所,徐闻县农牧局、科技局,徐闻县农技推广站,前山镇委、镇政府等多家单位的力量。这种以高校为主体,联合政府、企业及地方研究院所等多家单位的农技推广思路已经逐渐在徐闻地区展现出其特有的优势和旺盛的生命力。

2. 广西金穗模式——龙头种植企业与高等院校的合作模式

广西金穗农业投资集团有限责任公司是热区基地又一个重要的企业合作对象,是我们在农业技术集成与创新上第一次尝试与大型农业种植企业合作,联手实现技术优化、创新及人才培养的新模式。这种体制上的创新可以充分发挥高等院校在学术上的影响力和企业在周边地区和整个行业上的影响力将技术向周边地区迅速推开。该公司系广西香蕉种植的龙头企业,常年香蕉种植面积达3.6万亩,现已全面采用了以色列的滴灌施肥系统,拥有世界上面积最大的香蕉标准化生产园区。其运作模式一定程度上代表了我国香蕉产业未来发展的方向,在这里所形成的养分综合管理技术对我国香蕉产业的发展有着非常重要的前瞻性意义。随着公司规模的不断扩大,如果通过养分综合管理技术实现水肥管理方案的进一步优化是公司在未来一段时间内非常关注的问题,也对我们的技术集成与创新提出了要求和挑战。

目前进驻公司的师生已经融入了公司的员工队伍并针对滴灌施肥条件下香蕉的养分吸收规律和生长发育规律全面展开了工作。总结金穗公司在扩大规模和土地流转过程中的经验教训对我国南方经济作物日后实现集约化生产有着非常宝贵的指导性意义,其成功经验和管理办法将对我国香蕉产业未来的发展以及水肥一体化技术的扩散起到非常重要的示范作用。该技术推广模式在土地规模化程度和现代化程度较高的地区有着较广泛的应用前景,其推广效果及合理的运作机制有待进一步研究和探索。

9.1.4.4 热作基地目前工作进展

1. 以徐闻"科技小院"为载体,促进政府、企业、高校及地方科研单位的融合

由中国农业大学资源环境与粮食安全中心、中国热带农业科学院南亚热带作物研究所和山西天脊煤化工集团股份有限公司携手共建的高产高效徐闻基地于2011年6月正式落户徐闻县前山镇甲村。2011年12月1日,徐闻"科技小院"在共建三方领导、徐闻县农业局、前山镇政府等各方领导以及当地村民的共同见证下,正式挂牌成立。徐闻基地是全国第一个热区基地,"科技小院"作为一个集"生产、学习、研究、传播"于一体的平台,不仅是一个产、学、研融合的平台,也是一个高校、科研院所与企业交流合作的平台,在这个平台上,中国农业大学资源与环境学院师生和南亚热带作物研究所科研工作者发挥的一个重要作用就是向农民传播科学知识,大力倡导科学种田,促进当地农民增产增收。2012年中央一号文件明确指出"实现农业持续稳定发展、长期确保农产品有效供给,根本出路在科技","引导高等学校、科研院所成为公益性农技推广的重要力量,强化服务'三农职责'","培训农村实用人才"。徐闻基地"科技小院"的建立完全符合中央一号文件的要求,对发挥科技在热区农业中的力量具有深远的意义。

"科技小院"的建立可以最大限度地整合资源,打破农业技术推广的"最后一公里",甚至"最后一米",把先进的农业技术送到田间地头,为农民增收提供最及时、最有力的支持和帮助。同时,以"科技小院"为载体,以当地农业发展目标为导向,能把当地政府的积极性和农户激情充分调动起来,真正地让农民获得实惠,从而实现政府-企业-高等院校-地方研究所"四位一体"的合作模式,将科学研究、技术示范推广与人才培养有机结合起来,把科研成果在最短的时间,以最有效的方式直接转化为生产力。2012年4月14日,一场由农业部技术推广中心节水处、中国农业大学科研院、中国农业大学资源与环境学院、广东省农业厅土肥站、南亚热带作物研究所、山西天脊煤化工集团股份有限公司、湛江市科技局、湛江市农业局、徐闻县科技局、徐闻县农业局、前山镇政府等各单位领导,甲村村委会全体干部、农民田

间学校全体学员以及农民代表共同参与的"产、学、研"融合交流活动在徐闻基地取得圆满成功，基地工作得到了与会领导的一致认可，可预见的发展前景十分广阔。在中国农业大学资源与环境学院江荣风教授、南亚热带作物研究所孙光明研究员、徐闻县农业局副局长（果树蔬菜研究所所长）柯开文、广东省农业厅土肥站林翠兰副站长、天脊集团农化中心史庆林主任，以及示范农户的共同指导与见证下，2011级硕士研究生在基地顺利完成开题工作，并获得很多极具针对性与可行性的宝贵建议。不仅如此，热区基地的工作也吸引了国外专家的兴趣，英国女王大学的 Peter 教授 2012 年 4 月 30 日来"科技小院"指导工作。Peter 教授很欣赏利用"科技小院"平台推广科学技术，他还到试验地参观指导，对水肥一体化技术的示范效果给予高度评价。

在徐闻"科技小院"这一平台上，徐闻基地的另一项重要功能——推动农村基础教育，正在逐渐显现。基地研究生会根据学校和小学生的需要，不定期地在学校对学生进行思想政治教育和文化活动交流，帮助他们树立远大理想和正确的价值观，鼓励他们努力学习。而在课余时间，同学们也会来到小院，观看研究生精心准备的具有教育意义的影片、视频，帮助孩子们增长知识，开阔视野。

2. 建立农民田间学校，带着农民一起干

农民田间学校是联合国粮农组织（FAO）提出和倡导的农民培训方法，是一种自下而上参与式农业技术推广方式，强调以农民为中心，充分发挥农民的主观能动作用。为了能让农民更及时地了解新的技术、产品及作物在生育时期的病虫害，建立农民田间学校可以第一时间向农户传授生产上遇到的问题并给农民提供解决办法，真正做到理论联系实践。建立田间学校的目的是，全心全意向农民推广新的科学技术，教会农民如何科学种田；坚持"零学费、零门槛、零距离、零时差"培训原则，把农户培养成农村实用的科技人才，并通过他们再影响周围的群众，真正将技术传播给千家万户，使农民尝到科学技术带来的甜头。徐闻基地于 2012 年 4 月 6 日正式建立农民田间学校。目前已经上课 3 次，培训次数农民 50 余人。

3. 徐闻菠萝水肥一体化示范工作取得初步进展

徐闻地区的降雨高峰一般出现在 6 月、7 月、9 月、10 月四个月份，菠萝长势快慢也随降雨量的变化呈现相应变化。1—2 月份低温干旱，叶片生长几乎停顿；3—4 月份，降雨不足，不但不能满足菠萝快速生长期对水分的需求，而且也严重影响苗肥的肥料利用率。因此，如何实现水肥的高效耦合成为保证徐闻县菠萝高产高效的关键。基于这一现状，基地研究生在华南农业大学水肥一体化专家张承林老师的指导下于 2011 年 6 月布置了第一块 3 亩大的菠萝水肥一体化试验田。为了系统了解、掌握该项技术，研究生们亲自完成了从主管的安装、滴灌带的铺设，到每次滴灌施肥的一系列操作。菠萝整个生长周期长达两年，但从目前定植半年后的长势来看，水肥一体化种植区内的菠萝长势已经明显优于农户常规管理区，在株高、D 叶长、D 叶宽和 35 cm 以上叶片数这几项与最终产量呈正相关的指标上尤其明显，且差距呈现逐渐扩大的趋势。合作农户信心十足，其另一块 50 亩的菠萝标准水肥一体化示范方已投入到了基地第二期建设。

4. 举办大型会议，促进学术交流

为了更好地促进企业和学术界之间的融合，搭建国内外学术和企业之间的交流平台，热区基地在进行高产创建的同时于 2011 年度举办一系列高水平的学术会议和培训班。目前热区基地已经主办和承办的会议分别是:徐闻水肥一体化培训班,泰安热带作物养分管理学术研讨会和首届热带亚热带高产高效现代农业国际研讨会。

2011 年 12 月 5 日,首届热带亚热带高产高效现代农业国际研讨会在海口举行。来自德国霍恩海姆大学、澳大利亚昆士兰大学、印度西孟加拉农业大学、中国农业大学、南京农业大学、西南大学、华南农业大学、热科院各研究所等国内外多所知名院校专家及企业代表 200 多人齐聚海口。这次会议为期 3 d,进行专题报告 40 多个。与会代表围绕现代农业与热带亚热带作物产业发展、热带亚热带作物高产高效的理论基础与栽培技术、热带亚热带作物养分管理、优质高产作物生产的土壤管理等内容作了专题报告,并进行了热烈的讨论和交流。同时,企业代表还就热区作物新型肥料的选择与施用、热区作物优质高效与水肥一体化、热区作物优质高效技术推广等方面进行了专场交流。通过这次会议,各领域专家向国内外同行展示了自己的研究成果,分享了经验、收获了新知与友谊。大会自开幕就被中华人民共和国农业部网、中华人民共和国人民政府网、人民网等多家媒体报道和转载。目前第二届国际会议已经进入了积极的筹备工作中。

9.2 与大型化肥企业合作在全国大面积应用推广

配方肥是测土配方施肥的技术载体,是推广测土配方施肥的有效途径,而化肥企业是带动测、配、产、供、施的关键主体。根据测土配方施肥成果设计科学的配方肥,并引导大型化肥企业生产优质的产品,从而减少重复、混乱、无效的配方,是当前保障农户权益、优化化肥产业、落实测土配方施肥整建制推进的重要途径。在农业部公益性行业专项及全国养分资源综合管理协作网的支持下,中国农业大学资源与环境学院与全国 27 家科研、教学单位、3 家大型肥料企业及相应的政府推广部门联合建立高产高效配方肥研发与应用协作网(以下简称协作网),开展了全国主要作物区域大配方肥料研发、配方肥试验示范和大面积推广工作,已取得显著成效。

9.2.1 背景与意义

我国肥料产业已经面临产能过剩,肥料产品与农业需求相脱节,肥料市场混乱等一系列问题。近年来,我国大力发展复合(混)肥,产量已达到 5 000 多万 t,而大多数复合肥属于二次加工,额外耗能排放约 550 万 t CO_2;登记配方多达 3.2 万个,而与测土配方施肥推荐配方相匹配的却不足 3%。现有复合肥品种常常导致农户多用化肥,消费过多的养分。中国农业大学 2009 年开展的 1 152 户调查结果表明,"一炮轰"高氮复合肥用量已经超过 1 000 万 t,其氮素投入比普通化肥高 18%,比推荐用量高 25%,不仅没有给农民带来显著的增产效果,还带来烧苗、后期脱肥等大量生产问题。如果能优化全国复混肥配方,使之适合农业需求,就可以节约大约 200 万 t 氮,减少温室气体排放 2 200 万 t。

另外,在农业生产中农民得不到有效的技术服务是导致不合理施肥的又一重要原因。

基层农技推广体系不健全是导致农民得不到有效的技术服务、对技术的理解和掌握存在偏差的主要原因;企业对农民用肥指导及服务也非常缺乏,目前大多数企业没有农化服务队伍,它们往往过多地宣传产品,而没有真正地给农民做施肥指导;与此同时,由于农民自身素质偏低导致技术推广难度更大,据调查,普通农户中真正认识复合肥配方和能基本合理使用的农户只占 34.4%和 38.2%。

因此,要解决当前问题亟须优化肥料产品结构,推动肥料产品的技术升级,满足农业需求,同时鼓励企业积极参与,引导企业优化产业和产品结构,推动技术升级;另一方面需要创新技术应用的模式,有效推动技术的大面积应用。

9.2.2 主要工作思路

9.2.2.1 "大配方、小调整"的技术思路

由于我国分散经营的管理方式造成耕作分散、农事操作单元地块面积狭小,推荐施肥技术不可能依据田块进行。通过对施肥的农学、经济及环境效益综合分析,可以通过对区域土壤养分状况、作物养分需求和肥效反应进行评价,重点发展区域大配方,这样可有效地减少不同农户施肥总量差异较大、施肥不太合理的现象,使区域整体的施肥量趋于合理。对"特殊区域或田块"如土壤养分与大区域差异较大,可以依据区域优化施肥建议,在大配方的基础上配施一定的单质肥料,即"小调整",以实现田块的精确调控。我们基于"大配方、小调整"的思路,通过建立区域配肥的理论与技术,以土壤测试及养分需求等数据为基础,根据各地土壤类型、区域特点和灌溉条件等,研发区域主要作物的大配方,推动配方肥产品的技术升级,满足农业需求。

9.2.2.2 "政府测土、专家配方、企业供肥、联合服务"的技术推广模式

政府、科研单位、企业三方围绕测土配方施肥这项大的工程,进行产、学、研结合,探索高产高效的实现机制,打造多方合作共赢的工作平台,有利于测土配方施肥项目的进一步深化,实现测土配方施肥技术成果普及应用。政府提供测土配方施肥基础数据,同科研单位联手、充分挖掘数据、设计区域大配方,深化了测土配方施肥成果。同时,通过行政组织及推动测土配方施肥成果普及应用,监督肥料产品质量保证农民的切身利益及企业的公平竞争。科研单位利用国家测土配方施肥成果,深化这些成果形成科学配方。同时,通过系统培养基层科技人员、农化服务人员、营销人员、经销商和农民,提高他们的知识水平及农化服务能力。企业生产供应质量可靠的配方肥,强化农化服务,实实在在为农民提供技术指导。最终达到多方共赢的目的,农民掌握了科学施肥技术及高产栽培技术,提高知识水平,实现了增产增收;国家保障了粮食安全,减少环境污染,创造了社会效益;企业实现产品优化升级,提升农化服务水平,提高品牌竞争力,树立企业良好形象,增加销量,效益提高;教学科研单位推动了科技进步,传播了知识,又培养了学生,也体现了自身的价值。

9.2.3　主要做法

9.2.3.1　建立配方肥研发与应用协作网

2010 年以来,中国农业大学资源与环境学院与全国 27 家科研、教学单位、3 家大型肥料企业及相应的政府推广部门联合建立配方肥研发与应用协作网。该协作网通过多学科、多部门的实质性合作和综合创新,依托国家测土配方施肥项目,共同开展了全国主要作物区域大配方的研究工作;同时,我们与各级农业技术推广部门紧密合作,在全国建立了 43 个试验示范基地,开展了主要作物高产高效测土配方施肥技术的大面积示范推广应用,取得了理论与技术的突破以及显著的农学、经济、环境和社会效益。

9.2.3.2　主要作物区域大配方肥料的研发

以土壤测试及养分需求数据为基础,根据各地土壤类型、区域特点和灌溉条件,设计区域大配方,同时与企业界人士讨论,对生产工艺进行论证,确定适宜的区域配方(图 9.5)。目前,协作网已经初步设计区域大配方 78 个,基本覆盖全国大宗作物,其中冬小麦配方已经覆盖冬小麦的全部主产区;玉米配方已经覆盖东北和华北两大主产区;水稻配方覆盖皖苏湘三省及四川盆地;另外,还包括苹果、柑橘、蔬菜、荔枝、大蒜、油菜和棉花 7 种大宗经济作物。

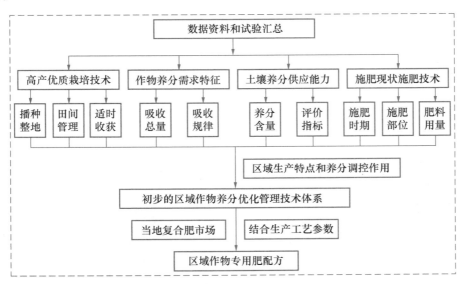

图 9.5　配方制定的技术思路

9.2.3.3　召开启动会

通过启动会,联合各方力量,政府、科研单位、企业和农民拧成一股绳,政府行政推动及质量监督、专家提供技术支撑、企业组织及示范、农民积极响应、媒体面上扩大宣传。启动会的召开得到了各级推广部门的积极响应,他们的组织推动及积极参与将有力地推动配方肥的普及应用。在启动会召开之际,专家为农民提供当地主要作物的栽培技术和施肥技术的培训及相关的技术咨询,强化了高产高效测土配方施肥技术的传播。各地经销商积极性也很高,他们很好地组织农户,积极地配合专家。吉林农安的经销商张野,他说"活动效果很好,自己出钱都要搞这样的活动"。安徽明光的经销商曹兴梅,她说:"我一直想搞这样的活动,但就是找不到专家,这次专家来了,我一定要抓住机会"。通过培训,我们发现农民对农业技术知识非常渴求。培训后的专家答疑时间,农民提了很多在生产中实际碰到的问题,现场气氛很热烈(图9.6)。

图 9.6　启动会现场(左)和农民培训及技术咨询现场(右)

9.2.3.4　跟踪指导及田间培训

根据农化服务人员、经销商及农户的需求,专家适时到田间跟踪指导及开展田间培训,及时解决关键生育时期的管理问题,如追肥指导,中期病虫害管理等。把课堂开到田间地头,改变传统的农技推广模式,农化服务人员、经销商和农民主动参与,把单一培训改为参与式培训,调动了他们主动学习科学知识的欲望,使他们由被动的听变为主动的学,积极主动地学习技术,利用所学去解决实际问题,提高了知识消化吸收的效率(图9.7)。

图 9.7　田间跟踪指导现场(左)和田间培训现场(右)

9.2.3.5 大学生到试验示范基地参加社会实践

通过大学生暑期社会实践,充分锻炼学生,让学生贴近农业生产,实现书本知识和实践知识更好地结合,走进社会,了解农民生活和生产情况,提高大学生的沟通和协调能力;让学生为农民讲课及发放宣传材料,向广大农民传播科技知识;组织实施农户调研掌握农户施肥行为及技术需求、试验示范效果、新型肥料认知情况和肥料市场情况,为肥料配方继续优化及技术服务方式的不断完善提供有力的参考价值(图9.8)。

图9.8 暑期社会实践小分队合影(左)和向农民发放技术资料(右)

9.2.3.6 组织召开观摩会

为进一步提高科技人员、企业管理人员及技术人员、经销商和农民对高产高效土配方施肥技术效果的认识,更合理有效地施用配方肥,每个试验示范基地在作物收获前将组织召开田间观摩会。活动主要包括培训和田间观摩两部分组成,通过这种理论结合实践的方式,有专家的理论授课及田间效果讲解又有学员的切身感受,这样有助于增强培训的针对性和提高学习效果。培训的课程包括配方肥研发技术原理、科学施肥技术和国内外新型肥料的最新研究进展等,培训课程结束后到田间观摩试验示范对比试验的实际效果。

通过观摩会的召开,让大家看到实实在在的效果,进一步增加了各方的信心,意义十分重大。首先,增强企业管理层、业务员的认识,增强对配方肥的信心。很多业务员仍缺乏基本的农学知识,不懂得如何看出田间效果有何差异,需要专家从专业角度给他们解释。通过观摩,他们更坚定了要按照专家设计的配方来生产配方肥及加强配方肥的宣传及供应,更重要的是他们也掌握了配方肥增产增效的科学内涵,这样他们也能给经销商和农户讲科学道理。其次,试验效果得到了经销商的广泛认可,有些经销商纷纷要求帮他们做些试验,他们也认为通过做试验方式是最能说服农民。最后,试验地的农户非常地感动,高产高效测土配方施肥技术的应用,帮助他们实现了高产高效。

2011年在吉林农安举办的观摩会,当地农民真心感谢专家高强教授对他们的指导,让他们得到高产,还减少了施肥,减少了冻害的影响(这年东北霜冻比往年来得早)。另外,有一个农民还特地带领专家到他地里去看,此时他非常着急:他地里的玉米贪青晚熟、秃尖现象也比较严重,冻害来了,地里的玉米将会有较大的减产。他跟我们讲了他的深刻教训:高老师的学生在施肥时告诉他施8袋子肥料,他不相信,给施了12袋,结果他地里的玉米要比试验地的玉米减产10%～15%。通过观摩会也提高了农民技术应用能力及促进农民行为的改变,更重要的是农民之间的相互交流也将促进了技术在更大的范围传播(图9.9)。

图9.9　经销商培训现场(左)和田间观摩会现场专家讲解(右)

9.2.3.7　人员培训

要切实提升技术推广能力、加强农化服务水平,还需要提高人员的素质,培育一批懂技术的政府推广人员、企业农化服务人员、企业营销人员及经销商对于高产高效施肥技术的普及应用意义重大。我们结合不同层次人员的需要,有针对性地制定培训方案,并邀请相关栽培专家和土肥专家设计一系列课程,并开展相应的培训,帮助他们解决实际生产中的问题。农化服务人员的培训课程包括复合肥发展战略及发展新动态、测土配方施肥基本知识、肥料合理施用基础知识、大田作物合理施肥、蔬菜、果树合理施肥、应急及突发事件处理、主要作物栽培技术、如何进行大面积示范推广;经销商的课程包括国内外新型肥料的最新研究进展、配方肥研发技术原理、科学施肥技术;农民培训的课程包括当地主要作物的栽培技术和施肥技术。

在培训方法上,我们也进行相应的创新。课程设计前先做预调查,从学员的需求和兴趣点出发来考虑课程的设计,他们学习起来更加有主动性和积极性;课程内容涉及基础理论、实用技术及推广应用,更系统更全面,增强理解,相互贯通;针对高层次学员的学习,我们注重参与式教学,增加动手操作课程及教师与学员的讨论,避免光听不练,在操作中发现问题解决问题;给学员更多时间咨询及互动,更多地答疑解惑,避免填鸭式的教学;注重理论培训与实践相结合,将课程搬到田间,增强感性认识;让学员当老师,不仅让他们学习理论知识,我们还让学员讲实践经验,让农化服务员、业务员和经销商讲产品研发、生产工艺、产品销售及售后服务,一方面,让他们更多参与、促进交流,另一方面,我们也向他们学习更多的实践经验,增加对他们的了解(图9.10)。

9.2.3.8　技术资料建立与发放

针对不同生态区制约作物高产和养分高效的关键问题,我们将测土配方施肥技术、高产

图 9.10 农民培训现场(左上)、经销商培训现场(右上)、农
技推广人员培训现场(左下)和农化服务人员培训现场

栽培技术和水肥一体化技术等进行综合集成,建立不同作物的高产高效技术规程,做成彩页
(图 9.11)发放给经销商和农民,让高产高效测土配方施肥技术更有效的传播,推动我国农业
生产中综合技术的集成创新与应用。目前已经建立 20 个作物高产高效技术规程并发放
7 295 份,其他技术资料发放 1 090 份,深受经销商和农民欢迎。

9.2.3.9 配方肥应用效果突出

从已经收获的 72 组试验示范数据来看(表 9.2),配方肥的应用效果十分显著。施肥用
量上,每亩平均节约 3.2 kg 纯氮(玉米上节约氮肥 3.3 kg N/亩,水稻上节约氮肥 3.2 kg N/
亩),总用肥成本节约 0.9 元/亩;另外,配方肥施用实现了增产增效增收目的,玉米和水稻平
均增产 9.1%(玉米实现增产 7.0%,水稻实现增产 10.2%),氮肥增效 33.5%(玉米实现增
效 33.0%,水稻实现增效 33.8%),平均增收 93.2 元/亩(玉米实现增收 69 元/亩,水稻实现
增收 106 元/亩)。

按照"大配方、小调整"的技术思路,通过政府、教学科研单位和大型化肥企业紧密合作,
我们真正在全国实现了配方肥及高产高效技术的大面积推广应用。2011 年累计推广配方
肥 24.5 万 t,推广面积达 677 万亩,取得了显著的社会、经济及环境效益(图 9.12)。

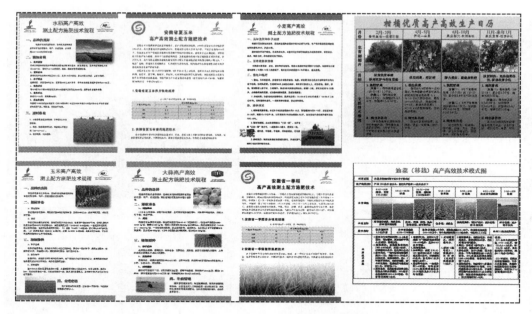

图 9.11　已建立的作物高产高效技术规程

表 9.2　配方肥应用效果评价($n=72$)

作物	处理	氮肥用量/ (kg/亩)	产量/ (kg/亩)	增产/%	氮肥增效/%	增收 (元/亩)
玉米($n=25$)	配方肥	13.5	567	7.0	33.0	69
	农民习惯	16.8	532			
水稻($n=47$)	配方肥	12.2	585	10.2	33.8	106
	农民习惯	15.4	530			

注：玉米、水稻收购价格分别按 1.9 元/kg 和 2.8 元/kg 计算，纯 N、P_2O_5、K_2O 价格分别按 4.8 元/kg、6.2 元/kg 和 5.8 元/kg 计算。

图 9.12　配方肥田间效果：摄于安徽萧县(左)摄于河北藁城(右)

9.3　与全国农技中心合作在全国 110 个县开展技术示范与大面积推广

9.3.1　背景和意义

在农业部"948"项目和农业部公益性行业专项、科技支撑项目等持续支持下,全国高产高效养分管理技术的研究不断深入,逐步建立了不同区域、不同作物体系的高产高效养分管理技术体系,示范应用效果明显。为进一步扩大技术示范规模,依托全国农技推广系统在全国主要作物生产区域开展试验示范,结合各县生产特点,优化技术规程,建立以县域为单元的主要作物高产高效养分资源管理技术体系和技术规程。

从 2004 年起,与全国农技中心合作开展高产高效养分管理技术集成示范与大面积推广,共有 110 个县(场),涉及作物包括小麦、玉米、水稻、马铃薯、油菜、棉花和果树、蔬菜等。经过试验示范,推广应用面积不断增加,每年示范面积达 4 000 万亩,平均增产 11%,节约氮肥 10%～30%,氮肥利用效率(PFP)增加 10%～15%。

9.3.2　主要做法

一是开展技术集成。每年组织全国养分管理协作网的专家和从事技术推广的专家一起总结交流不同区域作物高产高效养分资源管理技术研究结果,结合各县主要作物管理特点和土壤养分状况,集成作物高产高效综合技术,形成各县的主要作物技术规程;再通过高产高效技术示范对比试验,完善规程。并结合各县高产创建和测土配方施肥项目,进行大面积示范。

二是开展技术交流和培训指导。为提高县级土肥技术队伍水平,每年组织全国 110 个县的技术人员,开展技术交流与培训。由全国主要教学科研单位的专家培训技术要点,交流技术效果,研讨各省、县示范过程中出现的技术难题,根据示范效果和技术进展,完善技术规程,并简化形成作物高产高效养分管理技术模式。

三是开展大面积推广应用。各省土肥站与实施县农技人员根据技术规程,组织实施大面积推广应用。并通过培训农民、服务农民,结合国家实施测土配方施肥等行动实施大面积推广。

9.3.3　主要效果

一是示范效果显著。针对各县主要作物,每年每种作物布置 5～10 个高产高效示范对比试验,每个示范户安排农户习惯和高产高效 2 个处理,高产高效处理的产量比农户习惯增产 10%～15%,氮肥养分利用效率(PFP)提高 15% 以上,同时达到高产高效的目标。高产高效养分管理项目的实施,取得了经济效益、环境效益、社会效益多重实效;同时推动了测土配方施肥技术的发展和深化。

二是培养了县级土肥技术队伍。通过每年一次的年度技术交流和培训,全国 110 个县的县级土肥技术队伍的技术水平和能力得到了显著提升,在田间施肥指导和农民培训以及化肥经销人员的技术引导方面发挥了重要作用。目前,全国 110 个县农技人员在中国农业大学培训 3 次以上的超过 50%,他们通过多种方式推进高产高效养分管理技术的普及和应用(表 9.3)。

表 9.3　2011 年度参加技术交流和培训的人员

参加单位	负责人	参加单位	负责人
河北省省土肥站	王贺军、张里占	陕西省土壤肥料工作站	耿军平
丰南区土肥站	刘云亭		
安平县土肥站	王贵霞、王菊	扶风县农技推广中心	王校来、孙小丽
曲周县土肥站	牛建国	高陵县农技中心	柏全
清苑县土肥站	王淑珍	陈仓区农技中心	王银福、郭红燕
馆陶县土肥站	胡俊国	长武县农业技术推广中心	曹群虎、段长林
无极县土肥站	孙苏卿、仝增儒		
昌黎县土肥站	赵建民	凤翔县农技推广中心	王均应、吕辉
湖北省土肥站	巩细民	武功县农技推广中心	李高远
赤壁市土壤肥料工作站	刘清荣、王青龙	宁夏农技推广总站	王明国
安陆市土壤肥料站	徐祖宏、李晓锋	银川市农技推广中心	龚玉琴
洪湖市土肥站	王向平	惠农区农技推广中心	董平
浠水县土肥站	汪航	彭阳县农技推广中心	火勇
江苏省土肥站	张莹	江西省土肥站	漆睿
江苏省仪征市土肥站	王玉红	贵溪市土肥站	徐年保、陈震清
丹阳市土肥站	陈功磊	寿光市农业局检测中心	陈永智、刘新明
姜堰市土肥站	钱宏兵、于倩倩、马超、钱剑文	博兴县土肥站	宫涛
海安县土肥站	丁华萍	招远市农技中心	张世伟、董英华、吴德敏
江扬州市江都区土肥站	曾洪玉	新泰市农业局	邵乐明、李天玉
山东省土肥站	邢晓飞、王磊	重庆市农业技术推广总站	李伟
临邑县农业局	孔少华、于凯		
惠民县农业局土肥站	耿立中、周征军	铜梁县农业技术推广服务中心	李刚
芜湖县土肥站	朱克保		
贵池区农技中心	叶北朝	重庆市垫江县植保植检土肥中心	张天才
太湖县土肥站	周学军		
舒城县土肥站	朱学步	梁平县农能环保站	游国玲
泾县土肥站	凌晨		

续表9.3

参加单位	负责人	参加单位	负责人
合川区农业技术推广总站	刘邦银	富锦市农业技术推广中心土肥站	邓维娜
重庆市南川区土壤肥料技术推广站	罗孝华	肇东市农业技术推广中心	汪君利
秀山县土肥站	陈仕高	广西区土肥站	李云春
江津区土肥站	蔡国学	荔浦县土肥站	韦照新
吉林省土肥站	尤迪	八步区/土肥站	潘艳婷
德惠市农技中心	吕晓丽	合浦县土肥站	沈泓毅
梨树县农业技术推广总站	崔英	柳江县土肥站	韦方智
九台市土壤肥料工作站	张国恩	平果县土肥站	宋汉勇
		山西省土肥站	赵建明
东丰县农技总站	刚洁	运城市农委	刘志强
伊通县农技中心	史海鹏	达茂联合旗农技	李凤英
前郭县农技中心	刘春阳	察右中旗推广站	赵润喜
内蒙古土壤肥料工作站	侯国峰	浙江省土肥站	朱伟锋
		兰溪市土壤肥料工作站	陶云彬、江水香
通辽科左中旗农技推广中心	陶杰	温岭市耕肥站	陈睿
		市农技中心土肥站	黄承沐、张耿苗
通辽开鲁县农技推广中心	赵瑞凡	湖南省土壤肥站工作站	吴远帆
万年县土肥站	万晓梅	湘阴县土肥站	任可爱
兴国县土肥站	吴德淮	双峰县土肥站	尹叔巨
奉新土肥站	廖述胜	宁乡县土肥站	刘国平、周旭辉
黑龙江省土肥管理站	付建和	冷水滩区土肥站	张利忠
五常市农业技术推广中心土肥站	王彦君	澧县土肥站	彭志林
		安乡县农业局	彭阳娟
北安市农业技术推广中心土肥站	杨勇	成都土壤肥料测试中心	马红菊
桦川县农业技术推广中心土肥站	刘君阁	长宁县土肥站	曾兴国、周会宣
		大竹县土肥站	文尤权
双城市农业技术推广中心土肥站	张晓波	辽宁省土壤肥料总站	姜娟
		辽宁省辽中县土肥站	肇雪艳

续表9.3

参加单位	负责人	参加单位	负责人
辽宁省海城市土肥站	刘慧慧	孟津县土壤肥料工作站	马现伟
辽宁省昌图县土肥站	高杨	汝南县土肥利用管理站	任双喜
开原市农业技术推广中心	高淑英	滑县农业技术推广中心	杨丽
安徽省土壤肥料总站	邱宁宁	黑龙江农垦总局农业局	董桂军、蔡德利
稷山农委	王利伟	牡丹江分局850农场	陈兴良
临猗县土肥站	张雨莎	建三江分局七星农场	聂录
盐湖区农委	张海燕	九三分局七星泡农场	马泽平
洪洞县土肥站	杨建胜	852农场	惠振金
河南省土壤肥料站	闫军营	牡丹江分局856农场	陈秋雪
新郑市土肥站	李建峰		
许昌县土肥站	尚云峰		
扶沟县农业技术推广中心	卢保善		

三是大面积应用取得显著效果。

通过集成各种技术和示范推广项目,采取多种方式为当地测土配方施肥和万亩高产创建示范片开展服务,依据养分资源综合管理理论和技术,以高产高效为目标产量,优化技术模式,进行大面积推广应用。以2011年为例,全国110个县各种作物平均增产11%,增效15%,达到大面积增产增效(表9.4)。

表9.4 2011年不同省份主要作物亩均增产和养分增效情况

地区	作物	亩均增产/kg	增产率/%	提高养分利用效率/%
河北	小麦	54.3	13.0	15.1
	玉米	66.4	11.7	14.2
河南	小麦	46.4	10.3	16.6
	玉米	52.7	11.2	17.7
陕西	小麦	62.1	14.3	14.9
	玉米	82.9	16.0	16.6
山东	小麦	42.9	9.4	12.1
	玉米	47.0	9.2	12.7
	棉花	25.0	11.1	15.2

续表 9.4

地区	作物	亩均增产/kg	增产率/%	提高养分利用效率/%
山西	小麦	49.9	12.7	17.4
	夏玉米	59.6	11.2	16.6
黑龙江	水稻	71.1	12.3	17.1
	玉米	74.9	11.1	18.4
黑龙江农垦	水稻	64.6	10.0	9.5
	玉米	91.2	13.6	10.2
	大豆	15.6	8.4	5.5
吉林	玉米	73.6	12.0	18.2
	水稻	58.9	11.5	13.3
辽宁	玉米	77.3	11.9	12.6
	水稻	69.4	11.3	13.9
内蒙古	玉米	128.7	14.6	20.7
宁夏	水稻	17.7	3.1	5.3
	脱水菜	527.1	8.9	7.7
	马铃薯	43.5	2.5	8.1
	玉米	53.3	13.0	17.5
湖南	早稻	29.9	6.9	17.7
	中稻	41.8	8.2	23.9
	晚稻	32.3	7.2	17.9
四川	水稻	83.8	15.0	15.0
	玉米	62.4	14.0	17.0
	小麦	57.6	18.0	22.0
	油菜	15.8	16.9	16.9
重庆	水稻	69.4	14.1	16.0
	玉米	64.5	15.8	15.3
	油菜	14.5	10.5	15.7
广西	水稻	31.6	7.2	19.0
安徽	双季早稻	48.6	11.9	15.2
	双季晚稻	50.2	11.7	15.6
	单季稻	68.0	12.3	13.7
湖北	水稻	56.9	9.8	10.4
江苏	水稻	55.9	9.9	14.7
	小麦	37.5	9.8	15.1
江西	水稻	47.4	10.2	15.7
	油菜	7.2	9.0	13.8
	蔬菜	116.2	10.5	10.5
	果树	37.0	2.5	2.5
浙江	水稻	39.3	8.8	19.0

参考文献

毕理智,张锐,王海景,等.2008.不同作物滴灌施肥效果分析.山西农业科学,36(10):50-52.

邓兰生,张承林,黄兰芬.2008.滴灌施氮肥对香蕉生长的影响.华南农业大学学报,29(1):19-22.

李冬光,许秀成,张艳丽.2002.灌溉施肥技术.郑州大学学报,23(1):78-81

罗文扬,习金根.2006.滴灌施肥研究进展及应用前景.中国热带农业,2:35-37.

石人炳.1997.中国农业劳动力短缺转移问题研究.湖北大学学报(哲学社会科学版),5:98-102.

涂攀峰,邓兰生,龚林,等.2011.香蕉水肥一体化技术——按叶片数滴灌施肥.广东农业科学,2:59-61.

谢盛良,刘岩,周建光,等.2009.水肥一体化技术在菠萝上的应用效果.福建果树,4:33-34.

张思军,吴仁明.2002.农业劳动力流动对农业发展的影响.云南社会科学,1:36-39.

Bucks D A. 1995. Historical developments in microirrigation. In Proc. 5th Int'l. Microirrigation Congress, ed. F. R. Lamm, 1-5. St. Joseph, Mich. :ASAE.

Ng Kee Kwong K F, Deville J. 1994. Application of 15N-lablled urea to sugarcane through a drip-irrigation system in mautius. Fertilizer research, 39:223-228.

(张宏彦、刘全清、米国华、苗宇新、李宝深、李晓林、吴良泉、崔振岭、陈新平)